果树盆栽 和 庭院种植及养护技术

王登亮 江德权 王岳 刘丽丽 ◎主编

中国农业出版社
北 京

图书在版编目（CIP）数据

果树盆栽和庭院种植及养护技术 / 王登亮等主编.
北京：中国农业出版社，2025.8. -- ISBN 978-7-109
-33431-1

Ⅰ. S66; S688

中国国家版本馆 CIP 数据核字第 2025V04B07 号

中国农业出版社出版

地址：北京市朝阳区麦子店街18号楼

邮编：100125

责任编辑：阎莎莎　张　利

版式设计：王　晨　　责任校对：吴丽婷　　责任印制：王　宏

印刷：北京缤索印刷有限公司

版次：2025 年 8 月第 1 版

印次：2025 年 8 月北京第 1 次印刷

发行：新华书店北京发行所

开本：880mm×1230mm　1/32

印张：4.5

字数：125 千字

定价：39.00 元

BIANXIE RENYUAN MINGDAN

编写人员名单 _____

主　编：王登亮　江德权　王　岳　刘丽丽

副主编：程慧林　陈　骏　孙建城　李建辉

参　编：吴　群　马创举　徐彦辉　兰紫悠

果树盆栽和庭院种植是把果树栽植于盆内和庭院中通过人工培育使其正常生长发育和开花结果的一种栽培形式。近年来，随着城市化进程的加快和人们对绿色生活的追求，果树盆栽和庭院种植正成为现代家庭园艺的重要组成部分。

对于居住在城市楼房中的人们而言，果树盆栽具有小巧精致、易于管理的特点，无论是摆放在阳台、窗台，还是作为室内装饰，都能为我们的生活增添一抹生机。同时，果树盆栽不仅能够净化空气、调节湿度，还能在果实成熟时，为我们带来意想不到的惊喜。从柑橘、桃、柿、蓝莓到无花果，每一种果树都有其独特的韵味和营养价值，可以让我们的生活更加丰富多彩。

而对于拥有宽敞庭院的居民来说，果树庭院种植则成为一种自由的选择。庭院果树，不仅可以作为景观树来欣赏，也可以作为家庭自给自足的小型"果园"。在庭院中种植果树，可以根据自己的喜好和当地的气候条件，选择适合的品种。从春季的鲜花盛开，到秋季的硕果累累，庭院果树可以陪伴我们走过每一个季节，让我们感受生活中不同的风景。

然而，无论是果树盆栽还是庭院种植，都需要我们掌握一定的技巧和方法。从品种选择、养分管理、植株修剪到病虫害防治，每一个环节都至关重要。为此，编者在总结多年科研工作成果的基础上，介绍了不同果树盆栽和庭院种植方法、养护技术、病虫害防治措施以及典型的庭院果树美化案例，旨在为读者提供全面、实用的果树盆栽和庭院种植入门指南，帮助大家轻松种植和管理果树，享受绿色生活的乐趣。

本书由衢州市农业林业科学研究院王登亮、江德权、刘丽丽和浙江大学王岳担任主编，衢州市农业林业科学研究院程慧林、陈骏、孙建城和衢州学院李建辉担任副主编，衢州市农业林业科学研究院吴群、马创举、徐彦辉和衢州职业技术学院兰紫悠等参编。

无论您是果树盆栽和庭院种植的初学者，还是有一定经验的爱好者，本书都将为您提供有价值的指导和参考。希望通过本书，您能够快速掌握果树盆栽和庭院种植技巧，打造属于自己的绿色空间，收获健康与快乐！

编　者

2025年5月

CONTENTS 目录

前言

第一章　果树盆栽技术 ················· 1

　　第一节　柑橘盆栽技术 ················· 1

　　第二节　桃盆栽技术 ················· 24

　　第三节　蓝莓盆栽技术 ················· 28

　　第四节　柿盆栽技术 ················· 31

　　第五节　无花果盆栽技术 ················· 35

　　第六节　樱桃盆栽技术 ················· 38

　　第七节　枣盆栽技术 ················· 41

第二章　庭院果树种植和养护技术 ··········· 45

　　第一节　庭院柑橘种植和养护技术 ······ 45

　　第二节　庭院枇杷种植和养护技术 ······ 54

　　第三节　庭院葡萄种植和养护技术 ······ 63

　　第四节　庭院柿种植和养护技术 ········ 69

　　第五节　庭院桃种植和养护技术 ········ 75

　　第六节　庭院李种植和养护技术 ········ 83

　　第七节　庭院梨种植和养护技术 ········ 90

　　第八节　庭院猕猴桃种植和养护技术 ··· 98

第九节　庭院无花果种植和养护技术 ……………… 107

第十节　庭院枣种植和养护技术 ………………… 112

第十一节　庭院樱桃种植和养护技术 ……………… 117

第十二节　庭院蓝莓种植和养护技术 ……………… 123

第三章　庭院果树美化设计案例——以浙江省衢州市
衢江区高家镇盈川村为例 ……………… 128

第一章 PART ONE
果树盆栽技术

第一节　柑橘盆栽技术

柑橘，自古便是中华文化中吉祥与丰饶的象征。其繁茂的枝叶、素雅的白花与金灿灿的果实，不仅承载着"大吉大利"的美好寓意，更在方寸盆钵之间，为现代都市生活增添一抹自然的生机。盆栽柑橘，既是对传统农耕文化的传承，亦是对现代园艺美学的创新——它将果树栽培的实用性与盆景艺术的观赏性巧妙融合，让人们在阳台、庭院甚至案头，都能体验"春赏花、夏观叶、秋收果、冬品形"的四季之趣。

近年来，随着家庭园艺的兴起，柑橘盆栽因其适应性强、管理便捷、果实观赏期长等特

盆栽柑橘

点，成为都市"阳台族"的热门选择。然而，盆栽环境与自然土壤的差异，也对种植技术提出了更高要求：从品种筛选、根系控养到水肥精准管理，每一步都需兼顾植物生理需求与艺术造型的平衡。如何让柑橘在有限的盆土中健康生长、连年结果？如何通过修剪塑形赋予其独特的审美价值？这些问题既是技术难点，亦是园艺乐趣的核心。

本节立足于柑橘不同品种的生物学特性与盆栽实践，系统梳理品种选择、盆土配置、水肥调控及造型养护等关键技术，旨在为柑橘盆栽爱好者提供一份兼具科学性与操作性的指南。无论您是初涉园艺的新手，还是追求极致造型的资深玩家，都能找到让柑橘盆栽"叶果并茂、形味双绝"的实用方案。

一、金豆盆栽技术

金豆为常绿小乔木或灌木，是芸香科植物中果实最小的一个品种。其果实金黄小巧，叶片翠绿光亮，非常适合盆栽种植。以下介绍金豆盆栽的详细技术要点。

1. 品种选择与苗木处理

（1）优选品种

盆栽宜选择矮化、抗逆性强且结果量高的品种，如金弹、宁波金柑。选购时注意苗木应根系发达、枝叶无病斑，建议选择1～2年生嫁接苗，成活率高。

（2）苗木处理

种植前修剪过长或腐烂的根系，保留主根及侧根，用多菌灵溶液浸泡10min消毒，晾干后备用。

2. 花盆与盆土配置

（1）花盆选择

选用透气性佳的陶盆、紫砂盆或控根盆，直径25～35cm，深度20cm以上，底部需有排水孔，避免积水烂根。

（2）盆土配方

金豆喜微酸性疏松土壤（pH 5.5～6.5），推荐配方：园土40%（提供基础养分）＋腐叶土30%（增加有机质）＋粗河沙20%（增强透气性）＋腐熟羊粪/饼肥10%（基肥）混合后暴晒或高温消毒，杀灭虫卵、病菌。

3. 上盆种植步骤

（1）垫盆与填土

盆底铺2cm碎瓦片或陶粒作排水层，覆一层园艺土工布防漏土。填入1/3盆土，堆成中间高四周低的土丘。

（2）定植与覆土

将苗木根系舒展于土丘上，扶正后填土至根颈处（原土痕上方1cm），轻提植株使根系贴合土壤。压实表层土，浇透定根水，置于阴凉通风处缓苗7～10d。

盆栽金豆

4. 日常养护管理

（1）光照与温度

光照：金豆喜光，需每日6～8h直射光，夏季高温时避开正午强光（可遮阳30%）。

温度：生长适温15～30℃，冬季需入室保暖（≥5℃），避免冻害。

（2）水肥管理

浇水：遵循"见干见湿"原则，春秋3～4d一次，夏季早晚各一次（避开正午），冬季控水。空气干燥时需喷雾增湿。

施肥：生长期（4—9月）每15d施一次稀释饼肥水（1∶50），花期增施磷、钾肥（如磷酸二氢钾），果实膨大期补施钙肥，冬季停肥。

（3）整形修剪

生长期修剪：剪除徒长枝、交叉枝，保留健壮结果枝。

花果期管理：疏花疏果，每枝留果3～5个，避免养分透支。

造型设计：可通过蟠扎、截干蓄枝法塑造悬崖式、临水式等盆景造型。

（4）换盆与修根

每2～3年换盆一次，剔除1/3旧土，修剪老根、病根，换新土重新栽植。换盆后浇透水，缓苗期避免强光。

5. 病虫害防治

（1）常见病害

炭疽病：叶片出现褐色斑点，可用70%甲基硫菌灵800倍液喷施。

根腐病：控水＋换土，多菌灵＋噁霉灵1 000倍液灌根。

（2）常见虫害

蚜虫/红蜘蛛：喷施苦参碱或吡虫啉，严重时用联苯菊酯。

介壳虫：人工刮除后涂抹乙醇，或埋施呋虫胺颗粒剂。

6. 注意事项

一忌盆土长期过湿，雨季要及时排水；二忌开花期喷水，防止授粉失败；三注意果实成熟后及时采摘，避免消耗树势。

通过科学管理，金豆盆栽可做到"四季常绿、花果同赏"，兼具生态价值与艺术美感。掌握上述技术要点，新手也能轻松打造一盆生机盎然的"黄金豆小树"。

二、柠檬盆栽技术

柠檬是一种兼具观赏性、食用性和芳香气味的常绿小乔木。其叶片翠绿油亮，花朵洁白清香，果实金黄诱人，非常适合家庭盆栽种植。以下介绍柠檬盆栽的详细技术，帮助您轻松打造一盆"香气与丰收兼备"的柠檬树。

盆栽柠檬

1. 品种选择与苗木处理

（1）优选品种

盆栽建议选择矮化、抗病性强且丰产的品种。如尤力克柠檬，果大、酸度高，适应性强；香水柠檬，果皮清香，四季开花结果，适合观赏；北京柠檬（耐寒型），适合北方地区。选择嫁接苗（砧木常用枳壳或香橙），根系发达、枝叶无病虫害的1～2年生苗最佳。

（2）苗木处理

剪除枯根、烂根，保留主根和须根，用多菌灵1 000倍液浸泡消毒10min。若叶片较多，可适当疏剪以减少水分蒸发，提高成活率。

2. 花盆与盆土配置

（1）花盆选择

材质：透气性好的陶盆、紫砂盆或控根盆，忌用塑料盆（易闷根）。

尺寸：幼苗期用直径20～25cm的盆，成年树换至直径35～40cm的盆，深度需≥25cm。

排水：盆底需有3～5个排水孔，垫碎瓦片或陶粒防积水。

（2）盆土配方

柠檬喜疏松肥沃的微酸性土壤（pH 5.5～6.5）：腐叶土40%（提供有机质）＋园土30%（基础保水性）＋河沙/珍珠岩20%（透气排水）＋腐熟羊粪/蚯蚓粪10%（基肥）＋少量硫黄粉（调节土壤酸碱度，每升土加1g），混合后暴晒或高温蒸汽消毒杀菌。

3. 上盆与定植

（1）种植时间

春季（3—4月）或秋季（9—10月）进行，避开高温和霜冻期。

（2）操作步骤

盆底垫排水层（陶粒＋无纺布），填入1/3盆土堆成锥形；苗木根系舒展于土堆上，根颈略高于盆沿1~2cm，填土压实；浇足定根水（可加生根粉），置于阴凉通风处缓苗7d，逐步增加光照。

4. 日常养护管理

（1）光照与温度

光照：每日需6~8h直射光，夏季正午遮阴30%（防止叶片灼伤）。

温度：生长适温18~30℃，冬季需入室保温（≥5℃），低于0℃易冻死。

（2）水分管理

浇水原则：春秋"见干见湿"，夏季早晚浇水（避开高温），冬季控水。

判断方法：手指插入土表2cm干燥时浇透，忌积水。

增湿技巧：空气干燥时向周围喷雾（避免直接喷花），或放置水盆增湿。

（3）施肥管理

生长期（3—10月）：萌芽期施高氮肥（如豆饼水，50倍稀释），每10d一次；孕蕾期施磷、钾肥（磷酸二氢钾，1 000倍液叶面喷施）；坐果期施钙、镁肥（如骨粉）预防裂果。

休眠期（11月至翌年2月）：停肥或施少量有机肥（如腐熟羊粪）。

注意：薄肥勤施，忌浓肥烧根。

（4）整形修剪

春季修剪：疏剪过密枝、交叉枝，短截徒长枝，保留健壮结果枝。

花果管理：每枝留花2~3朵，疏除畸形果，每盆挂果量不超过15个（依树势调整）。

造型设计：通过蟠扎、摘心打造圆头形或自然开心形树形，增强观赏性。

（5）授粉与促果

室内盆栽需人工授粉：用毛笔蘸取雄花花粉轻涂雌花柱头。花期喷施0.2%硼砂溶液，提高坐果率。

5.病虫害防治

（1）病害防治

炭疽病：叶片出现褐色斑块时，用75%百菌清800倍液喷洒。

溃疡病：剪除病枝，喷施春雷霉素＋有机硅助剂。

（2）虫害防治

红蜘蛛：喷施乙唑螨腈或苦参碱，加强通风。

潜叶蛾：摘除卷叶，喷施甲氨基阿维菌素苯甲酸盐等杀虫剂。

介壳虫：用乙醇棉签擦拭虫体，或埋施呋虫胺颗粒剂。

6.换盆与越冬管理

（1）换盆周期

幼苗每年换盆一次，成年树2～3年换盆一次。换盆时修剪掉1/3老根，换新土并加入底肥（骨粉＋饼肥）。

（2）越冬要点

北方地区10月底入室，南方地区温度低于0℃需入室。保持光照充足，远离暖气片。减少浇水，停施氮肥。

7.注意事项

（1）忌频繁移动花盆，尤其在花期和坐果期。

（2）果实成熟后及时采摘，长期挂果会消耗树体营养。

（3）北方水质偏碱，每月浇一次硫酸亚铁（1：2 000）或发酵淘米水调节pH。

（4）夏季暴雨后及时倒盆排水，防止烂根。

通过精心管理，盆栽柠檬可实现"四季有花，终年见果"的效果，既能点缀居室，又能收获新鲜柠檬。掌握上述技术要点，即使是新手也能轻松享受"自种自摘"的乐趣！

三、椪柑盆栽技术

椪柑属芸香科，亦称芦柑。椪柑树势健壮、幼树生长迅速，果实鲜艳美观，可作为盆栽以供观赏。

盆栽椪柑

1. 环境要求

椪柑喜阳光充足、湿暖的环境。适应性强，耐高温、耐干旱，耐最低气温为−7℃，土壤或基质要求质地疏松，结构良好，有机质含量＞1.5%，pH 5.5～6.5，排水良好。

2. 苗木定植

达到出圃标准的嫁接苗可在春季或秋季定植，春季定植在2月下旬至3月中旬。秋季定植在10月上中旬。

3. 上盆培养

向花盆中放入熟土至高40cm左右，根据椪柑苗主根长度扒开花盆中间土壤，深度是主根的3/4。放入500g左右腐熟有机肥或50 g过磷酸钙，椪柑苗放入土壤中间、扶正，四周围上熟土，用脚或手压实椪柑苗根部四周土壤即可。

4. 挂果树的培养

（1）换盆

在发芽前，需把花盆换成大一号的栽培容器，以满足新梢抽生和果实生长；换盆前要对盆底的盘旋根进行修剪，并抖去少部分泥土，换盆泥土最好和原来的基质配方一致。

（2）花果管理

疏果在第2次生理落果基本结束时开始，分2次进行。第1次疏果在7月中下旬，第2次在8月中下旬。先疏病虫果、畸形果，后根据果实横径疏除小果。在7月中旬将横径在2cm以下的果实疏除，8月下旬将横径在3.5cm以下的果实疏除。

（3）整形修剪

椪柑树形较直立，枝条稍软。在苗木定干整形基础上，以整形培养树冠为主，在培育前期，应及时拉枝，新梢及时摘心，每年培养3～4次梢，培养形成丰满的树冠。

（4）水肥管理

椪柑盆栽要保持盆土湿润，保持稳定的水分供应，切忌大旱大水。在高温季节，浇水时间应选择早晨或傍晚。椪柑盆栽的肥料供应以"薄肥勤施"为主。4—10月，采用硫酸钾型复合肥按1%浓度配制，视植株生长情况，每月浇施1次。如施用缓释肥，且植株新梢抽发量较大，可减少肥料追施次数和施肥量。另外，日常可结合病虫害防治，添加叶面肥（如0.2%磷酸二氢钾）进行根外追肥。

（5）病虫害防治

2月底至3月，防治蚧类，兼顾地衣和苔藓等；4—5月以防治疮痂病为主，兼治蚜虫、螨类；5月下旬至6月中旬以防治第一代蚧类、粉虱为主，兼治疮痂病、黑点病和螨类；7—8月，关注锈壁虱和潜叶蛾的发生动态，及时进行挑治；9—10月，重点防治红蜘蛛，兼治三代蚧类、粉虱。采果后至12月中旬以防治红蜘蛛为主。

四、满头红盆栽技术

满头红原产于我国浙江，是朱红橘的实生变异品种。满头红树冠呈自然圆头形，叶狭椭圆形，墨绿色，果实扁圆形，朱红色，果皮光滑，外形美观。该品种适应性强，易结果，因其果皮色泽艳丽、果实风味甜美深受广大消费者喜欢。

盆栽满头红

1. 环境要求

满头红喜温暖湿润的环境，生长适温12.5～37℃，空气湿度要求相对较高。平均每天日照4～6h均可正常生长。宜放置于庭院、阳台、窗台或室内靠窗通风透光的位置，如长期放于室内，光照不足易引起叶片发黄、脱落。

2. 上盆培养

盆土应疏松、透气、肥沃，有较好的保水保肥性能，可用菜园土4份、腐叶泥2份、红壤土1份及煤渣、细沙和饼肥（或腐熟厩肥）各1份。

上盆时应剪去其垂直根的1/3～2/3，多留须根，地上部分应剪成近似半圆形的骨架，这样以后才有可能培养成丰满漂亮的外形。盆以瓦盆或陶盆为宜。上盆时施足发酵好的羊粪、厩肥或沼渣等基肥。上盆后宜先置于泥土地面上，等生长正常再搬上阳台、屋顶等。

3. 挂果树的培养

（1）换盆

一般2～3年换盆一次。换盆时，将根部周围及底部土去除1/4～1/3，同时对地上部适当修剪，按上盆法重新栽植。

（2）花果管理

保花保果：满头红盆栽坐果率偏低。在蕾期和生理落果期可叶面喷施2～3次0.2%尿素＋0.1%磷酸二氢钾＋0.1%硼砂混合液进行保花保果。

疏花疏果：重点剪除无叶枝、内膛枝、丛密弱枝等，降低花果量。同时应根据观赏需要，及时疏除病虫果、畸形果以及多余的果实，降低养分损耗，提高观赏效果。

（3）水肥管理

由于受盆土限制，盆栽的营养供给十分有限，平时应"薄肥勤施"。3月，春梢萌芽前施1次以氮肥为主的催梢肥。5—6月为坐果期，应追施氮、磷、钾复合肥和锌、硼等微量元素肥，不偏施氮肥。7—9月是果实迅速膨大期，可15～20d追肥一次，以复合肥为主。10月底以后应停止施肥，以免抽发晚秋梢。另外，在日常可结合病虫害防治，添加叶面肥（如0.2%磷酸二氢钾）进行根外追肥。

满头红喜湿润，要保持盆土湿润，但注意不要积水，以免烂根。一般盆土表层发白或晴天中午叶片出现暂时性萎蔫状即需浇水。浇水时间应选择早晨或傍晚，切忌晴天中午高温时段浇水。

（4）整形修剪

通过整形修剪，可以调节植株体内营养平衡，使有限的养分集中供应至芽、叶，形成更多的结果枝，促进花果满枝。早春进行1次轻剪，尽量保留老叶，适当短截部分衰弱枝组，疏除病虫枝、过密枝和扰乱树形的徒长枝。对新梢抽生过多的树，可抹去树冠上部和外围的春梢，留下的春梢在6～8cm时摘心，夏梢全部抹除，以缓和新梢和幼果的营养竞争，促进坐果。

（5）病虫害防治

满头红病虫害较多，主要有溃疡病、炭疽病、疮痂病、介壳虫、红蜘蛛、黑刺粉虱和蚜虫等。化学防治方法与柑橘庭院种植基本相同。

五、胡柚盆栽技术

胡柚是衢州的特色传统柑橘品种。胡柚树势强健，叶色浓绿肥厚，枝叶繁茂，适应性强，耐粗放管理，抗寒性强，是适宜盆栽的品种。目前市场上果树的盆栽种类较多，但胡柚盆栽却很少见，下面介绍胡柚盆栽技术。

1. 环境要求

胡柚喜温暖湿润的环境，生长适温12.5～37.0℃。对土壤要求透气性好、保水保肥性强，pH以6.5左右为宜。

2. 上盆培养

盆土可选用菜园土、羊粪、草炭各一份混配而成。盆土配制时宜加入部分过磷酸钙，以满足胡柚后期生长发育需要。

盆栽胡柚

胡柚盆栽用苗最好选择2～3年生营养钵苗。如选择裸根苗，苗木挖取时应带土球，土球直径不小于胡柚主枝直径的8倍，对于没有土球的胡柚苗，上盆前要修剪主根，尽量多保留毛细须根。

向盆器中放入配好的盆土，至盆器高的2/3左右，根据胡柚苗的根系长度扒开盆器中间土壤，放置胡柚小苗于土壤中间，扶正，四周填上盆土，用手压实胡柚苗根部四周的土壤，浇透水。栽植期以春季3月或秋季10月为宜。

3.挂果树的培养

（1）换盆

胡柚盆栽一般3～4年倒盆一次。换盆时，将根部周围及底部土去除1/4～1/3，同时对地上部适当修剪，按上盆法重新栽植。

（2）花果管理

以裸根苗培育的胡柚盆栽第一年开的花应全部摘除，以促进生长，修复根系。以后的结果期根据树体长势进行疏果，疏除病虫果、畸形果和过大或过小果，使果实大小均匀。

（3）水肥管理

胡柚盆栽的施肥方式以浇施为主。自春梢萌芽至8月中旬，每15d左右浇施1次0.2%复合肥。在病虫害防治时，结合用药喷施叶面肥。浇水时掌握"浇则浇透"原则，切忌浇"半腰水"。"半腰水"是指浇水量只能湿润表土，而下部土壤是干的。因为土壤的干湿交界处会形成一个坚硬的板结层使根系难以下扎，同时也会使根系集中于盆土表层，影响对水分和养分的吸收。

（4）虫害防治

主要虫害：红蜘蛛、潜叶甲、潜叶蛾、蚜虫、介壳虫、柑橘凤蝶、尺蠖等。

防治方法：

①红蜘蛛：1年有2次发生高峰期，第一次在4—5月，第二次在9—10月，或以每叶虫口量3～5头为防治适期。用药建议：99%矿物油150～200倍液＋1.8%阿维菌素1 500倍液、24%螺螨酯4 000倍液或50%炔螨特2 000～3 000倍液。

②潜叶甲：4月上旬至5月中旬为幼虫为害期，4月上旬是防治潜叶甲幼虫的最佳时机。用药建议：1.8%阿维菌素1 500倍液或高效氯氟氰菊酯800倍液。

③潜叶蛾：夏秋梢抽发期7月上旬至9月中旬为防治适期。防治指标为5%嫩梢未展开叶上有若虫。用药建议：1.8%阿维菌素2 500倍液或高效氯氟氰菊酯800倍液。

④蚜虫：蚜虫第一次高峰在4月上旬至5月下旬，第二次高峰在8月中旬至9月下旬。用药建议：10%或20%吡虫啉2 000～3 000倍液或3%啶虫脒1 000～2 000倍液。

⑤介壳虫：柑橘介壳虫主要包括红蜡蚧、吹绵蚧、矢尖蚧等。建议用药：99%矿物油150～200倍液＋25%喹硫磷1 000倍液或25%噻嗪酮1 000倍液。

六、佛手盆栽技术

佛手又名蜜罗柑、福寿柑、五指柑等，果实成熟时金黄色，或形似拳头或如展开的五个手指状，故名。佛手不仅果形奇特，而且香气浓郁，可长期摆放而香味不减，还具有健胃、降血脂、提高人体免疫力的保健作用，花瓣白色，边缘有紫色晕，具芳香，具有很好的观赏价值。

盆栽佛手

1.上盆培养

（1）盆土配方

盆土要求肥沃疏松，既保水又透气。用菜园土5份＋菜籽饼肥（或羊粪）2份＋粗砂2份＋焦泥土（或腐叶土）1份拌匀，浇透水后用塑料薄膜覆盖，在遮阴处堆制80～90d，再揭开塑料薄膜堆制20～30d即可使用。

（2）上盆换盆

上盆时将苗扶正放在盆中央，用盆土压实，种植后嫁接口露出盆土3～5cm，浇一次透水。一般2～3年换盆一次。当春梢发生少而弱时，说明盆土状况已恶化，影响根系生长，吸收养分、水分功能不强，需要换盆。新盆要比原盆大，盆底放一层粗砂，再上新盆土。换盆时剪去过长的根系，去除枯枝、过密枝、病虫枝、徒长枝等，促进植株换盆后促发新根、枝梢生长健壮，为年年开花结果打下基础。

2. 整形修剪

宜在采果后至萌芽前进行。剪去树冠中上部扰乱树形的直立强旺大枝、枯枝、病虫枝和衰弱枝。夏季抽发的徒长枝易引起落花落果，也要剪除。短枝易成结果母枝，应尽量保留。秋梢剪去顶端1/3以促发结果枝。佛手多刺，易刺伤果实，又影响操作，应予剪去。

3. 水肥管理

佛手根系浅，多横向生长，要注意勤浇水，保持盆土湿润。置于南向阳台的盆栽植株，在夏、秋季高温干旱时段，可每天早晚各浇水一次。佛手果大，需肥量多，但盆土容量小，因此应重视施足上盆肥、基肥，坚持增施有机肥、氮磷钾配合和勤施薄施。根据佛手的特点，可分三个时期施肥：①3—6月春夏梢生长期和开花结果期，在萌芽前施一次基肥，商品有机肥200～300g＋复合肥50～70g；其后结合保果喷施3～4次0.5%尿素＋0.2%磷酸二氢钾液肥。②7—9月为果实迅速膨大期，需肥水量大，可施入腐熟饼肥，每株施300～400g，可加复合肥40～50g。③果实生长后期和成熟期，应少施肥，在树势过弱的情况下可在浇水时加入稀薄有机肥或叶面喷施0.2%尿素＋0.1%磷酸二氢钾液肥，以恢复树势，促进成花，为来年结果打下基础。

4.病虫害防治

及时防治红蜘蛛、介壳虫、蚜虫、潜叶蛾、锈壁虱等害虫。3月上旬在树发芽前，喷施20%松脂酸钠可湿性粉剂80～100倍液，防治介壳虫、黑刺粉虱、红蜘蛛和黑点病等。4月上旬，喷施2.5%高效氯氟氰菊酯乳油1 500倍液，或2%阿维菌素乳油2 000倍液，防治潜叶甲、花蕾蛆。5月下旬和6月上旬，喷施99%矿物油150倍液＋80%代森锰锌可湿性粉剂600倍液，防治叶螨、介壳虫和黑点病。7月下旬，喷施80%代森锰锌可湿性粉剂600倍液，或2%阿维菌素乳油2 000倍液，防治锈螨和黑点病。9月下旬至10月上旬，喷施24%螺螨酯4 000倍液，防治叶螨。

5.盆栽养护

冬季低于0℃时易受冻，移到室内靠南窗处。遇到晴天，可在中午前后将盆移至阳台或庭院晒太阳2～4h。佛手果成熟后，人们常将其摆放于书桌或茶几上，但若时间过长，则会引起营养不良而落叶落果，所以在晴好的天气应多搬至室外接受光照。

七、柑橘一树多果盆栽技术

盆栽柑橘为了增强观赏性，在一株砧木上同时嫁接多个品种，使不同色泽（浅黄、金黄、橙红和大红等）、不同形状的果实同挂一树，从而达到丰富柑橘品种、延长果实观赏期和增加观赏性的目的，称作一树多果技术。

1.品种推荐

中间砧品种为温州蜜柑、香抛、胡柚等；接穗品种有早熟的大分、由良等，中熟的满头红、美国糖橘、脐橙（如纽荷尔等）、南丰蜜橘等，中迟熟的椪柑、胡柚。冬季无明显冻害的地方还可选用迟熟的血橙、杂柑（如清见橘橙、天草、沃柑、春见、不知火等）作为接穗品种。

一树多果盆栽技术

2. 接穗准备

按照选定的接穗品种，从无检疫对象、生长正常的成年树中，选择连续多年丰产优质的单株作为采穗对象，从树冠外围中上部剪取生长充实壮健、芽眼饱满、梢面平整、叶片完整浓绿有光泽、无病虫害、扁平的当年生老熟枝梢作接穗（芽），随接随取。在晴天上午露水干后剪取，立即剪去叶片，用湿布包好。如需贮藏几天，则用洁净微湿的细沙，于室内通风凉爽处沙藏。

3. 嫁接时间

嫁接方法为春季（3—4月）切接和秋季（9—10月）芽接。嫁接时应注意不同品种的生长势差异，抽枝力强的品种宜嫁接在砧木的小枝或斜生枝上，而抽枝力弱的品种宜嫁接在直立的强枝上，这样可使不同生长势的品种在同一树上趋于平衡。

4. 嫁接方法

在生长强健、直立的主枝上嫁接，不可在侧枝上嫁接。主枝过大或方位不适的，可选择在主干或主枝上以当年新发生的春梢

一树多果盆栽技术

或夏梢作砧，砧木必须直立、粗壮、老熟、无病虫，且分布合理。要注意不同品种的合理分布。采用单芽腹接法（不露芽），春接也可以采用切接的方法。

5. 嫁接后管理

春接的，在接芽开始萌发时，用刀尖在芽眼旁边划破薄膜（不能伤芽眼），破口长0.5～0.7cm，还应剪除所有叶枝组，对较大的伤口应及时涂伤口保护剂。待第1次新梢木质化后，再解除薄膜。秋季采用腹接方法嫁接的，于翌年立春后解除薄膜露芽，对伤口涂保护剂保护。对腹接芽上下10～15cm砧木处的萌芽全部抹掉，其余部位可适当留侧生梢，多次摘心，对于未达到标准成活芽数的可在春季进行补接。新品种树冠长成后，要有针对性加强管理。由于不同品种的开花期不同，果实成熟期不一样，在保花保果上要区别对待，如无核的品种，一般要采取保花保果措施。

八、柑橘压条盆栽技术要点

传统盆栽柑橘，通常要经过3年以上时间的培养，才能成型上市。用带果枝压条培育小型柑橘盆栽，当年就能形成商品，大大缩短培育时间。

1. 材料准备

压条前准备一把嫁接刀，20cm长的棉线绳，长20～25cm、宽15～18cm、厚0.06mm的黑色薄膜片或者塑料反光膜，长25cm、宽20cm的农用地膜片，3～5cm长的竹签，泥炭和珍珠岩以2∶1配比的混合基质（含水量60%左右），护果用的纸袋。

2. 品种选择

椪柑、胡柚、天草、早橘、代代、四季橘、衢橘、满头红等。不适宜的有温州蜜柑、冰糖橙和广橙。

3. 压条

（1）时间

5月下旬至6月中旬。

（2）压条母枝的选择

选择树势强、树枝生长健壮、叶片浓绿、无明显病害且较直立的有果枝作压条。

（3）具体操作

用嫁接刀在其适宜部位上下环切两圈，幅宽1～2cm，随后用刀尖剥去皮层，并将环剥段上的形成层刮除干净。嫁接刀环切时注意不要深入木质部，否则会影响压条的成活率。刮除形成层后，在环剥枝段将小竹签用绳绑缚固定，小竹签上下两头要长过剥皮枝段，再用长方形铝箔塑料薄膜片（注意涂有铝箔的一面要朝外，塑料膜一面朝里），围绕环剥枝段折成圆筒状，在下端距环切口下部2cm处，用棉线绳扎紧，理顺铝箔塑料筒，在筒内加入混合基质，在加放基质时，要一边加入一边压实，使枝条与基质密接，

压 条

并保持压条位于基质的中央，加完基质后，在上端距环切口上部2cm处，用棉线绳扎紧袋口即可。包裹基质后，在基质包裹圆筒上方2cm处绑扎农用地膜片，作为防雨裙膜，防止雨水通过压条上端包扎口和缝隙渗漏到包裹的基质内，造成基质含水量过大而引起压条死亡。

4. 压条后管理

5月和6月雨水过多时，注意及时开沟排水，夏季高温干旱时，每7～10d浇水1次，施肥与常规生产橘园相同。压条后保果1～2个，椪柑、天草、衢橘等中小果品种留2～4个，其余果实疏去。再用纸袋将留下的果实保护起来，保证表面光洁美观。

5. 上盆培养

（1）上盆

当基质中布满根系时，即可将压条用剪刀在压条基质包的下端将其剪离母树。解除压条反光膜后，当布满根系的压条基质过干时，需放在水中浸湿，然后上盆。盆钵可以选择瓦盆、陶瓷盆或塑料盆，规格为直径12～15cm、高12～15cm。上盆可用压条基质，也可采用人工配制的盆栽混合土。

（2）盆栽培养

新上盆的盆栽柑橘应放置在覆有遮阳网的避雨大棚内进行培养，在根系恢复生长阶段要特别注意浇水，基质过干或过湿都不利于新上盆柑橘的根系生长。当盆栽叶片挺直展开时，高温阶段注意遮阳网的收放，在晴天35℃以上时覆上遮阳网，其余时间撤除。

6. 越冬管理

越冬期间防止冻害，应在双层膜的棚内进行养护，以普通钢架棚内设置小毛竹棚，或大毛竹棚内套小毛竹拱棚的方式保温，控制温度在0～25℃，浇水在晴天上午进行，按照"基质不干不浇水，浇就浇透"的原则进行浇水。

第二节　桃盆栽技术

桃盆栽是一种极富观赏价值并且能带来美味果实的园艺艺术，在有限的空间内，通过精心的管理和养护，可以实现桃树的健康生长和丰产。下面介绍如何栽培和管理盆栽桃树。

盆栽桃（胡明仙摄）

1. 品种及苗木选择

各品种桃树均可盆栽，其中最理想的品种是在盆内生长良好、自花结实性强、树势开张、果形美观的品种，如大久保、白凤、晚蟠桃等。

苗木选择时应选一年生嫁接苗，要选择株高60cm左右、枝条生长健壮、芽鲜明饱满、根系生长良好、无病虫害的桃苗。

2. 容器选择

选择容器时，最重要的是有良好排水系统，推荐使用瓦盆或高质量塑料盆，这些材料具有良好的透气性和保湿性，有助于根系健康生长。最初盆口直径至少为45cm，深度40～60cm，以确保根系有足够的扩展空间。底部应有足够的排水孔，防止水分积聚导致根部腐烂。

3. 培养土配方

盆栽桃的土必须用培养土，要求营养丰富、疏松透气、保肥保水，pH为6.0～7.0最佳。培养土的成分和比例无严格要求，可采用肥沃的田园土2份、腐叶土2份、腐熟畜禽粪1份，或用田园土3份、泥炭土1份、腐熟优质有机肥1份混配而成。配制时先将各种配料打碎过筛，再按比例混合均匀。配好的盆土要进行消毒，以杀死其中的病菌和害虫。

4. 上盆栽植

定植时间为秋季落叶后或春季萌芽前。在栽植桃树时，先用一块瓦片凹面向下盖在底孔上，然后在盆底铺1～2cm厚的碎石子作为滤水层，以利于排水透气。然后将配好的盆土装至盆的一半左右，中间高、四周低。对苗木根系进行适当修剪后，将苗木放入盆中央，并使根系舒展，根颈距盆口3～4cm，再加入盆土，边加边摇动盆，使根系与土壤密切接触，盆土稍高于根颈，最后灌透水。如果灌水后土壤下沉，露出根颈，应加土盖住根颈。

5. 整形修剪

适当的修剪不仅可以维持树形美观，还能促进树体健康生长和达到良好的果实产量。盆栽桃树整形可以根据自身要求整理树形，如开心形、曲干形均可。修剪时间可选在每年早春开花前，根据当年的成花情况进行修剪，修剪时去除病弱枝、干枯枝以及过于密集的枝条，保持树冠通风良好、光照均匀。此外，夏季可以进行轻微的修剪，以控制树形和去除任何生长过旺的新枝。

6. 倒盆换土

桃树生长2～3年后，根系变大，盆土养分逐渐贫瘠，此时应换营养土和盆口直径为65cm以上的大盆，时间在秋季落叶后。倒盆前5d将盆土浇足水，将准备换的盆浸透水，同时准备好营养土。然后，取出带土植株，用刀片将土团外围连根削去3cm厚，将削好的土团放入新盆中，用准备好的营养土将缝隙填平，浇透水即可。

7. 水肥管理

（1）水分管理

桃树盆栽的水分管理是确保健康生长的关键。过多或过少的水分都会影响桃树的生长和果实品质。通常情况下，应保持土壤略微湿润，避免水涝。在生长旺盛期，尤其是在干燥的夏季，可能需要每周浇水多次，而在冬季可减少浇水频率。

（2）施肥管理

桃树在生长季节需要充足的营养。盆栽桃树萌芽至5月底追肥以浓度0.3%～0.5%的氮肥溶液为主，6月开始施入0.5%～1%磷酸二氢钾溶液。施肥的次数要根据树势强弱、季节、盆土肥力而定。基肥于秋季落叶前施入，方法是从盆中取出10cm深的土（最好不伤根），然后将混有腐熟有机肥的培养土填入，浇足水即可。如有缺少微量元素的症状出现，应及时浇施或喷施肥料补充。合理施肥不仅能促进桃树的生长，也有助于果实的成熟和品质提升。

8. 花果管理

盆栽桃树经常出现生理落果现象，主要是授粉及营养不良造成的。减少落花落果措施主要为人工授粉（每年花期采集混合花粉，人工用毛笔点授2～3遍），确保坐果率。在花期喷0.3%～0.5%硼砂，提高花芽萌发力。生理落果前，及时疏除密果，以叶定果，按30～50片叶留一果配置。果实套袋，6月落果后，先喷药，再套袋，成熟前20d摘袋，可以有效防止病虫害。

9.病虫害防治

桃树容易受到多种病虫害的侵扰，需定期检查树叶、枝条和果实，及早发现病虫害迹象，这是及时防治的关键。

桃树病害主要有褐腐病和炭疽病。防治桃褐腐病，用65%代森锌可湿性粉剂500倍液喷雾。防治炭疽病，用70%甲基硫菌灵1 000倍液喷雾。

桃树虫害主要有桃蛀螟和蚜虫。防治桃蛀螟，用20%高效氯氟氰菊酯乳油2 000倍液喷雾。防治蚜虫，用2.5%敌杀死2 000倍液喷雾。

10.越冬管理

桃树基本上都能安全越冬，但需要注意盆栽桃树在冬季需一定量低温才能正常发芽、开花、生长、结果，通常需冷量时间600～1 200h。因此，需要注意桃树冬季的低温处理，不要放入有暖气的屋中，一般将盆桃放置在-1～7℃低温条件下较适宜，也可放在地下室、地窖内越冬，同时防止盆土干燥，若干燥应及时浇水。

第三节　蓝莓盆栽技术

蓝莓是一种营养价值很高的浆果，果实呈蓝色，表面覆有一层白粉，果肉细腻，酸甜适口，为鲜食水果的佳品。花为白色小铃铛形，叶有红叶，入冬前为常绿，部分枝条火红色。春赏花、夏食果、秋观叶、冬品枝条，是极具保健和观赏价值的果树。

盆栽蓝莓

1.品种选择

兔眼蓝莓、夏普兰、奥尼尔自花授粉不实，必须配授粉树才能结果，家庭盆栽不宜选择以上品种。布里吉塔、北陆、斯帕坦、黑珍珠、达柔、都克和南高丛种（南金V3、南大V5）等均可作为家庭盆栽。苗木宜选择2～3年生的树势健壮营养钵蓝莓苗。

2. 盆与盆土的选择

（1）盆栽容器

种植蓝莓的盆器可选泥瓦盆、陶盆、紫砂盆，也可选用陶瓷或塑料盆，选用陶瓷或塑料盆时，应选择更加疏松透气的基质进行栽培。2～3年生的小苗选口径25～30cm的容器，忌小苗大盆。2年后，再换大盆，容器口径为40～50cm。

（2）盆土配方

蓝莓最适土壤有机质含量为8%～12%，最适pH为4.5～4.8。建议选用进口泥炭，比如加拿大、丹麦某些品牌的泥炭，pH为3.5～4，按泥炭：粗沙粒：田园土：腐叶土为2.5：2.5：2.5：2.5的比例配成培植介质，松鳞铺面5cm。

3. 上盆

（1）上盆时期

上盆时间宜选在春季萌芽前，此时上盆对根系损伤较小，成活率高。

（2）上盆方法

盆底放入瓦片或盆底石，将苗放入盆中，标记苗的原土壤高度低于盆边4cm处，将苗木拿出，底部放入基肥。将苗木直立放入盆的中间。将新配的土放入盆中，轻轻压实四周及顶部，盆土表面可覆盖松鳞、松针等，浇透水定植。蓝莓苗在盆中定植后，在室内晒不到太阳而又通风处放一周。一周后可搬到阳台正常养护。

4. 整形修剪

定植后幼苗保留2～3个生长健壮的枝条，疏除交叉枝、细弱枝。第1年去掉所有花芽，不让其开花结果，培育树势，后两年主要是疏除下部细弱枝、下垂枝、水平枝，树冠内膛枝的交叉枝、过密枝、重叠枝等。可挂果蓝莓的整形修剪应该选择6—8月果实采摘完后进行，只需剪除弱枝、病枝、枯枝等，并适当整形即可。

5. 水肥管理

盆栽蓝莓适宜施的化肥为五氧化二磷、硫酸铵、硫酸钾复合肥。有条件的宜施用以黄腐酸为主要原料的有机复合肥和少量复合化肥（减量50%）。不能施用硝态肥，如硝酸铵、硝酸钾等。

（1）盆栽蓝莓苗可以在开花前和结果前各施1次肥，可施磷酸二氢钾＋硫酸铵。

（2）叶面肥可用2g尿素兑水1 000g喷施，一周1次。叶面肥不可高温时施用，一般清晨或傍晚少日照时施用。

6. 病虫害防治

虫害主要有蚜虫、红蜘蛛及金龟子，可选用吡虫啉、阿维菌素和三唑锡防治。病害中溃疡病最为常见，可喷施杀菌剂，如甲基硫菌灵等进行防治。

7. 盆栽养护

（1）越冬防寒

可以采取地上挖沟，将盆栽蓝莓放进沟内覆土掩埋，或用塑料布起拱罩住，再覆盖草苫，都可以起到防寒作用。

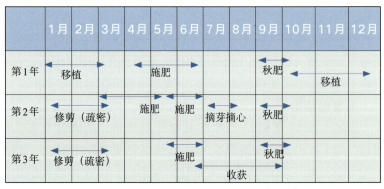

蓝莓盆栽全生育期栽培要点

（2）防止土壤盐化

一是用水桶装水，把栽培盆放入水中泡透，然后立即取出，沥干水，如此反复；二是用大量的水浇灌，多余的水从栽培盆下面流出。

第四节　柿盆栽技术

柿树树冠开张，叶大光洁，入秋碧叶丹果，鲜丽悦目，晚秋红叶可与枫叶比美，具有较好的观赏效果，不仅是园林绿化的优良树种，也是制作盆景的绝佳材料。柿树自古寓意广泛，柿根代表坚固，柿蒂代表永恒，柿果代表吉祥，柿树代表长寿。盆栽柿

盆栽柿（花木深摄）

树因其丰满的果实、优美的树形和美好的寓意而受到许多人的喜爱。用柿树制作的盆景，树桩造型盘虬有力，苍古奇特，遒劲曲折，极具艺术美感。下面介绍柿树的盆栽种植方法。

盆栽柿

1. 环境要求

柿树属阳性树种，略耐阴，宜摆放在向阳通风处。但是盆栽柿夏季不宜暴晒，因为盆土少容易晒透，导致根温太高而伤根，因此夏季高温期要注意保护盆土，不能让盆土温度长时间超过35℃，要稍微遮阴降低盆土温度。种植盆栽柿也要注意加强通风，通风条件好，病虫害也会相应减少。

2. 品种选择

盆栽柿树一般建议选择结果早、树体矮化、果形美观的优良品种，比如目前受欢迎的火柿、石榴柿、老鸦柿、金弹子、灯笼柿、磨盘柿等。

3.盆土配制

柿树主根发达，需选择透水透气、较深的泥瓦盆。选择土层深厚、疏松肥沃、排水良好、富含腐殖质的沙壤土，并混入腐熟的农家肥。柿树需要排水良好的土壤，以避免根部水分过多导致腐烂。在盆栽中，可以使用园土、腐叶土和沙土的混合物作为盆土，比例为3：2：1。此外，还可以在盆土中添加一些腐熟的有机肥，以增加土壤的肥力。

4.上盆

一般于秋季或初冬落叶后进行上盆移栽。选择芽眼饱满、无病虫害的健壮苗木上盆，栽前要剪去坏死根和过长的侧根。上盆时轻轻压实土壤，然后浇透水。在移植后的前几周，要保持土壤湿润，并避免阳光直射。当柿树开始生长时，可以逐渐增加光照时间，并定期施肥和浇水。

5.水肥管理

施肥主要以有机肥为主，薄肥勤施，从开花到坐果这段时间要控制水肥，避免枝条徒长，以促使花芽分化；坐果后恢复浇水、施肥，并适当添加磷、钾肥用量，有利于柿果实上色，提高果实品质。另外，为了让柿树正常生长，每天控制浇水次数，让土壤湿润即可，在冬季，要保持室内温度适宜，并减少浇水次数，以盆土不过干为度。

6.整形修剪

适当的修剪和造型可以使柿树盆栽更加美观。在春季和秋季，为了让柿树生长更好，需要剪除弱枝、重叠枝，以增加膛内的通风透光性，但过多的疏枝会使剩余的枝条急速延长，出现秃干现象。在冬季，可以对柿树进行整形修剪，以适应不同的容器形状和大小。柿树更新枝比一般果树早且小，枝的寿命短，结果后

2~5年即衰弱或死亡，应及时更新。

7.花果管理

为促花保果，需要进行双半环剥皮。在盛花期进行人工授粉，在落果后进行疏果，每个结果母枝保留2~3个结果枝，而每个结果枝则保留2~3个果实，以提高果实品质和产量。

8.病虫害防治

（1）柿角斑病

柿角斑病为真菌性病害，常引起早期大量落叶和落果，严重影响树势。落叶后到翌年萌芽前，彻底剪除柿树上残存的柿叶、柿蒂和枯枝、病虫枝，清扫落叶，一并集中销毁，以减少侵染源；改良土壤，增施有机肥和磷、钾肥，以增强树体抗病力；也可在每年春季喷施波尔多液或其他铜制剂，杀灭病菌。

（2）柿黑星病

柿黑星病主要危害叶、果和枝梢，在自然状态下不修剪的柿树发病重。可采用冬季剪除病梢、清除树上残留的病柿减少来年侵染源；也可在发芽前喷布石硫合剂，或发芽后喷布波尔多液消灭病菌。

（3）柿长绵粉蚧

可在越冬期刮树皮、用硬刷刷除越冬若虫；利用天敌黑缘红瓢虫和红点唇瓢虫控制柿长绵粉蚧的危害；早春发芽前，喷洒石硫合剂消灭越冬若虫；4月上旬至5月初，喷洒杀扑磷乳油，杀死若虫。

第五节　无花果盆栽技术

无花果是一种易栽培、适合盆栽的果树，具有一定的观赏价值，它的叶片很大，绿油油的，虽然在寒冬会落叶，但是一年三季绿意盎然。无花果耐晒耐寒，养一盆无花果在阳台上，或是放在屋顶露台上，美观好看。下面介绍无花果盆栽种植技术。

盆栽无花果（童丽萍摄）

1. 环境要求

无花果喜欢阳光充足的环境，一定要放在向阳处种植，如果是北阳台，至少每天也需要有3～4h的光照时间，光照不足，枝叶就会徒长，结果也少。无花果怕涝，也不抗旱，宜常保持盆土湿润。

2. 品种选择

盆栽无花果应挑选易丰产、中早熟、口味好的品种，可根据当地气候和个人的种植水平，适当配搭不同果期、不同花色、不同口感的品种，丰富种植乐趣，解决个性化吃果、品果、玩乐的需要。目前表现较好的盆栽品种有芭劳奈、斯特拉、波姬红、加州黑、青皮、丰产黄等。

3. 上盆培养

（1）容器选择

需以透气性、排水性、尺寸适配性为核心标准，优先选用素烧瓦盆、陶盆等材质，并根据苗大小调整容器规格。建议选择直径在30cm以上、深度在30cm以上的花盆，如果没有合适的花盆，可以选用自来水桶、大油桶、泡沫箱等容器进行种植，种植前要在底部打透水排气孔。

（2）盆土配制

无花果喜肥，土壤中需含适宜含量的腐殖质、肥料、养分，若营养不足，无花果生长慢，不易挂果。即使挂果，果实在缺乏养分供应的情况下，会掉果，或长得很小，难以膨大，小小的果实味道也不好。因此一定要土壤肥沃，用腐叶土，加入足够的底肥，加入一些园土或是泥炭，如用羊粪作底肥就是不错的选择。

（3）苗木选择

优质的苗木根系发达，侧根和须根分布均匀，根系少失水或不失水。在定干部位以上有6个以上充实饱满的叶芽，且树体无明显的机械损伤。

（4）定植

用1年生壮苗于落叶后或春季发芽前栽入盆内。栽前先在盆内填入大半盆营养土压实，被移栽的苗木先浇透水，水渗后立即带土移栽入盆，要尽量多带根系。

4. 树体管理

（1）整形修剪

盆栽幼苗20～30cm高即可打顶，促发分枝后留3～4个不同方向的壮枝，完成定主干、定主枝，之后两年内枝条不进行大幅修剪，这样结果枝条多，果实自然就多，就能压制住枝叶的旺长势头。两年内如将枝条重剪，就可能打破营养生长与生殖生长的平衡，造成枝叶特别旺长和来果迟、挂果少、不丰产的境况，在此期间，如发现过密枝、直立枝、徒长枝，可在其柔软、半木质化时适当拉枝，改变其生长方向，打破顶端优势和直立优势，改善通风透光条件。第三年依据树势强弱，适当修剪直立枝、下垂枝、过密枝、老残枝、病弱枝。树势强时少剪一点，促成树势由强势变中庸；树势弱的剪重一点，促进树势由弱势复壮中庸，以后的修剪依树势而定。

（2）水分管理

盆栽无花果在植株生长期间，浇水可遵循见干见湿的原则，盆土干了就浇水，不要浇半截水，要一次将盆土完全浇透，直到多余的水从排水孔流出为止。冬天植株进入休眠期时，要控制浇水，只要盆土不是很干就不要频繁浇水，让植株好好休整即可。

（3）施肥管理

盆栽无花果的关键在于合理施肥，尤其是在春天4—5月生长旺盛期，因为盆栽的盆土有限、花盆容积有限，所以养分也是有限的，需要经常补充肥料，如自制的有机肥，或饼肥、羊粪肥。肥施时肥料需细腻一些，少量多次施用，施后可用土覆盖，这样没有任何气味，施肥之后可浇透水。

（4）通风透光

无花果盆栽一定要放在光照好的地方栽培，保证每个枝条都可以享受到充足的光照，使叶片翠绿、枝叶繁茂、枝条不会徒长，只有多晒太阳，株形才会矮矮壮壮，并顺利挂果。

5. 换盆

春季是无花果最佳换盆时间，换盆一般在清明前后进行。在春季气温10d左右稳定高于18℃时，给无花果换盆，成活率基本能达到100%。换盆时选择的花盆要比之前至少大一号，以清水冲洗根部的方式脱盆，无花果的根系为半肉质，容易刮伤和撕裂，使用清水冲洗脱盆，能避免根系受害。上盆前，要先修剪一部分长枝条、瘦小枝条，减少水分和养分的消耗，同时根系要适当梳理修剪，密集的根系疏减一些，过长的根系修短。换盆后，先养护在有明亮光线、通风良好的位置，待新芽冒出后，第一片叶成熟成型时，再慢慢增加光照，一般建议光照时间3h左右最佳。1个月以后移盆至光照充足的位置，按平常习惯养护即可。

6.病虫害防治

盆栽无花果病虫害相对较少，主要是象鼻虫、红蜘蛛、蜗牛和少量天牛。具体防治可参照无花果庭院种植养护技术。

第六节　樱桃盆栽技术

樱桃营养丰富，成熟的红樱桃色泽鲜艳又亮丽，在阳台或院内盆栽种植，是一道亮丽的风景线。当然，除了露地种植，樱桃也非常适合盆栽种植，下面介绍樱桃盆栽种植技术。

盆栽樱桃

1. 环境要求

樱桃适宜在温暖且相对湿润的环境下生长，要求土层松软、深厚、排水良好，土壤pH以6～7.5为宜。樱桃喜光，光照充足有助于生长，且结果质量也高。

2. 品种选择

樱桃属于异花授粉果树，在盆栽过程中应注意品种搭配，最佳办法是每盆嫁接2～3个品种。上盆的樱桃应选择果个大、色泽艳丽、连续结果能力强的品种。

3. 上盆培养

（1）容器选择

容器应与苗木大小相匹配，1～2年生的苗木应选择口沿直径25～30cm的容器。容器的透气性要好，对根系无毒害作用。素烧瓦盆和木桶效果最好，紫砂盆、塑料盆次之，含釉质的盆最差，樱桃上盆后不易成活。

（2）盆土配制

樱桃根系呼吸作用旺盛、耗氧量大。土壤要求通透性高，用腐殖土和菜园土、河沙混合配制即可，可以偏酸性，但酸性不能过高。

（3）苗木选择

选择生长健壮、枝芽饱满、根系发达、无病虫害的苗木。多年生的小树要求定干矮、枝条分布合理、枝条尖削度大。

（4）定植

上盆时间多选择在早春，上盆前，先将损伤的根系、枝条进行修剪，露出新茬，将有病虫害的部分剪除。然后检查容器的排水孔，保持容器排水畅通。最后定植前将一片瓦倒扣在排水孔上，然后铺一层20cm左右的炉灰渣，装上营养土，最后放树苗，经过2～3次提苗、压土，最终土面与容器口沿相距5cm左右为止。

4. 挂果树管理

（1）花果管理

疏花疏果是花果管理的重点。疏芽强于疏花，疏花强于疏果。树体花芽量大，在萌芽期，疏掉部分花芽，操作方法是在花簇状结果枝上疏掉 1/4 ～ 1/3 的花芽。在花期，做好品种间的授粉。在果实长到黄豆粒大小时，疏掉果形不正的果。

（2）水肥管理

①水分管理：樱桃树耐旱不耐涝，水分管理原则是见干见湿，浇透浇漏。在夏季，每日灌水 1 次，并经常往叶面喷一些水，起到给树体降温和清洁的作用。春、秋两季灌水次数要少。冬季基本不浇水，浇水量以容器底稍稍滴水为佳。

②施肥管理：在 7 月以前勤施肥，促进树体生长，常用的肥料有饼肥、牲畜蹄角、麻酱渣、酸奶、淘米水、碎骨屑等，最好经浸泡至发酵，以肥液施入。每 10 ～ 15d 施 1 次有机肥水。8 月以后，在有机肥水中加入磷酸二氢钾。进入结果期的樱桃树，在花前、花后各增施 1 次尿素，在肥水中加入磷、钾肥。在 9 月还要一次性施入硫酸钾 50g。

（3）整形修剪

盆栽樱桃具有一定的局限性，由于花盆的生长空间有限，所以需要控制植株的生长高度和枝条密度，可以根据花盆的大小来决定生长高度，一般为 50 ～ 100cm，当生长高度适宜时要给植株打顶，把主干顶端剪掉即可，刺激植株生长出更多侧枝，同时侧枝的数量也要控制，毕竟花盆内的水分和养分有限，否则可能出现枝条很多，但是长势都不好，甚至不开花结果。在保留 2 ～ 3 个主侧枝的基础上，适当剪掉一些长势不好的侧枝，保证养分供应集中，植株的长势也更好。

盆栽樱桃冬剪以调整树形、平衡树势为主。主要疏除生长竞争枝、背上枝、强旺枝、纤细枝。延长枝进行短截，结果枝进行回缩。

　　盆栽樱桃夏剪以保持树形、促花保果为目的。剪掉竞争枝、背上枝。在枝条长到15～20cm时摘心。摘心一般在7月以前完成，1年不超过2次。在9月左右枝条刚见封顶时，把枝条拉平。

5. 病虫害防治

　　参考樱桃庭院种植养护技术。

第七节　枣盆栽技术

　　枣是我国的特产果树，结果早，寿命长，易管理，是城乡庭院中很好的绿化树种。枣树叶形小，果实大，枣花芳香，具有较高的观赏价值。枣树营养价值很高，含有人体必需的蛋白质、脂肪和多种维生素，具有一定的医疗和保健作用。干枣含糖量可高达60%～70%，素有"木本粮食"之称。利用光照条件较好的空地、宅院、楼房阳台等都可以进行枣树盆栽，观其果，品其味，增加生活乐趣。

1. 品种选择

　　中秋酥脆枣、龙须枣、茶壶枣、胎里红、冬枣等。

2. 盆与盆土的选择

　　（1）盆栽容器

　　苗木较小时，选择适合树体大小的瓦盆、陶盆，其通透性好，有利于根系生长，促其快速成型。树体成型后（1～2年），可更换瓷盆、木盆和釉盆等增加观赏性。

　　（2）盆土配方

　　枣树适应性较强，但是由于是在有限的盆土中生长发育，所以要求盆土疏松肥沃，通透性好，保水保肥能力强。可用菜园土6份、菌渣2份、珍珠岩1份、羊粪1份配制，按比例充分混合，过筛后作为盆土。

盆栽枣

3. 上盆

（1）上盆时期

一般时间选在春季临近萌芽前，此时上盆成活率较高，发根快，易成活。

（2）上盆方法

首先检查盆漏水孔是否通畅，用碎瓦片盖在孔上，然后铺2～2.5cm厚的炉渣，再放少量的培土。上盆前对苗木进行修剪，剪平伤口，剪除伤根，多留须根；栽植时使根部舒展，并用竹签或木棒将根部四周的土轻轻插实，使根系与土壤紧密接触。栽植深度以枣苗原土痕（根颈）处与土面相平为宜，若为嫁接苗，嫁接口要露出土面，盆土装八成满，以利浇灌。上盆后及时浇水，然后放于背风向阳处，保持盆土湿润，促发新根。

4. 整形修剪

根据枣树品种的不同，采取不同的修剪方法，使其形成结构合理、美观高雅的树形，修剪采用冬剪和夏剪相结合。冬剪主要是培育树形，对需要延长的骨干枝短截后，将剪口下的第一个二次枝剪除，以促使主芽萌发，形成新的延长枝。同时对交叉枝、重叠枝和病虫枝进行疏除。对利用其结果的枝条，回缩到2年生部位，剪口下的二次枝不剪除。夏季修剪主要是抹芽疏枝和摘心，抹除多余的枣头，抹芽要经常进行，随出随抹，以减少养分消耗，避免干扰树形。

5. 水肥管理

由于盆土有限，盆栽枣树需要较精细的水肥管理。追肥可于4月上旬进行，以高氮、磷、钾复合肥为主，花期叶面喷施保果肥，每周喷1次，连喷3次，以提高坐果率。幼果期追肥在7月进行，以磷、钾肥为主，可促进果实成熟前增大。秋季施肥可强壮树势。盆土由于浇水次数较多，易板结，每年春天应中耕1次，松动盆面土壤。

6. 盆栽养护

（1）越冬管理

盆栽枣树越冬一般在12月中下旬，可用稻草、秸秆等覆盖树盘。注意适量浇水。

（2）换盆与修根

盆栽枣树2～3年需进行1次换盆，结合换盆适当进行根系修剪，达到复壮的效果。时间一般在春季萌芽前进行，提前准备好营养土，将植株从盆内取出后，剪除盆土外层的网状根，轻轻剔除周围1/3～1/2盆土，换上新的营养土，栽于较大的盆或者原盆中，浇水后放在半阴凉处10d左右，然后进行日常养护。

7. 病虫害防治

（1）枣疯病

该病是一种毁灭性病害，感病枝条纤细，呈鸟巢状密生，叶片变小呈簇状，花退化，发现病株应及时刨除，防止蔓延。

（2）枣锈病

此病由高温高湿引起，一般发生于7—8月，主要表现在叶片和果实上，感病初期出现无规律的淡绿色斑点，进而呈黑褐色，并向上凸起，最后病斑褐色，叶片脱落，造成落果。

防治方法：①冬季注意清除落叶并销毁；②加强修剪，保证树冠内通风透光；③3月至7月中旬及8月上旬各喷施1∶2∶200倍量式波尔多液、25%三唑酮可湿性粉剂1 000倍液或者绿得保500～800倍液。

（3）枣尺蠖

该害虫危害嫩芽、叶、花，并能吐丝缀缠阻碍芽叶正常生长。

防治方法：①冬季适当刮去老树皮并涂白或刷石硫合剂，以杀死越冬蛹；②早春成虫羽化前在树干上离盆土10～20cm处涂抹2～5cm宽的长效机油乳剂以毒杀树上的雌虫和幼虫；③发现幼虫后可喷施800倍50%杀螟丹水溶液，每7～10d喷1次，共喷2～3次。

第二章 PARTTWO
庭院果树种植和养护技术

第一节　庭院柑橘种植和养护技术

作为生活中最常见的水果之一，柑橘的品种繁多，包括柚、橙、橘、柠檬、金橘等。柑橘四季常绿，树体优美，经济价值也比较高，在庭院里种植几棵橘树，春季可赏花，秋季可赏果，冬季可品尝丰收的果实。柑橘作为优良的庭院绿化树种，深受民众喜爱，庭院种植柑橘可以在建设美丽乡村、促进产业转型、农民增收中起到积极作用。下面从品种选择、土壤改良、定植、水分管理、施肥、修剪等方面，解析柑橘庭院种植技术。

一、品种选择

柑橘的种类和品种很多，在庭院种植柑橘时，应遵循"好看、好吃、好种"的原则。"好看"即树体、树冠、果实颜色与庭院建筑风格相匹配，种植后形成美丽的庭院风景；"好吃"即果实色泽、香气、风味口感等较好，可以满足庭院住户需求，并在一定条件下能带来一定的鲜果销售收入；"好种"即种植技术要求不高，适应种植区域的气候条件，不需要大棚设施等要求较高的栽培手段，自然生长条件下生长势强，稳产丰产性高，具有较高的抗寒性和抗溃疡病等病虫害的能力。根据以上原则，适合庭院种植的柑橘品种有满头红、（实生）胡柚、马家柚、脆皮金柑、美国糖橘等。

果树盆栽和庭院种植及养护技术 >>>

庭院满头红

庭院柑橘

46

庭院柑橘

庭院柚子

二、土壤改良

种植前按直径100cm、深60cm 挖定植穴，将起挖的土与发酵充分的菌渣、堆肥、厩肥、塘泥、饼肥、商品有机肥等拌匀备用。每个定植穴改土所用的菌渣等有机肥用量为50～100kg。在定植前一个月将有机肥与表土混合填入坑内，填至坑的4/5，用精肥 [每株施堆沤腐熟精肥10～15kg、钙镁磷肥1kg、麸肥（菜麸、花生麸）1～2kg] 与土混合填至高出地面10cm，再覆盖10cm碎土，做成土盘，土盘应比地面高出10～20cm。

三、定植

一般在9—10月秋梢老熟后或2—3月春梢萌芽前栽植，容器苗或带土移栽不受季节限制，宜栽植脱毒苗、大苗、壮苗。种植时将橘树放入定植穴，扶正根系，将改良过的土回填至穴内，边填土边轻轻向上提苗、踏实，使根系与土壤密接。直至土层高出地面15cm左右，注意橘树的嫁接口要高出土层。填土后在树苗周围做直径1m的树盘，浇足定根水。填土时注意橘树根系与周围土壤下不能出现空隙，以免影响成活率。定植马家柚等大树时，土球直径应在80cm以上，土球放入定植穴后填土，土填到50%时灌水，发现冒气泡或快速流水处要及时填土，直到不冒气泡、土不再下沉为止，使土球、须根和穴壁之间无空隙。最上层沿树苑作土堰，使土堰高出地面10～15cm，便于浇水施肥。种植后即用木棍搭三角形支架固定树体，防止因风吹使根系受伤甚至树体倒覆。种植后1周内遇晴天每天淋水1次，以后每隔3～5d淋水1次，直至成活为止。

四、水分管理

柑橘在春梢萌动及开花期（3—5月）和果实膨大期（7—10

月）更易缺水，在该时期若发生干旱应及时灌溉。生长期间，当土壤含水量低于田间持水量的60％时，应及时进行灌水，但在果实成熟前30d应适当控制土壤水分，保持土壤适度干旱。雨天及时排水，避免积水。及时清淤，疏通排灌系统。多雨季节或园内积水时通过沟渠及时排水。果实采收前多雨的地区还可通过地膜覆盖土壤，降低土壤含水量，提高果实品质。

五、施肥管理

对于刚种植的小树，每次抽梢前10～15d浇施1％左右的尿素或高氮复合肥一次；期间如遇降雨，可在雨后撒施25～50g复合肥于树盘，在9月后停止施肥。通过薄肥勤施，促进幼树扩大树冠，尽快进入结果期。

对于结果树，每年施肥3次。首先是萌芽肥，在春梢萌芽前10～15d施入，以复合肥为主，通过在树冠两侧开沟的方式，施入高氮复合肥0.5kg左右；其次是壮果肥，在7—8月，秋梢放梢前10～15d，通过开沟施肥方法，施入高氮复合肥0.5～0.75kg；最后是采果肥，果实采收后结合深翻扩穴进行，以菜籽饼、羊粪等有机肥为主，每株用量为10～20kg。

同时，根据树体生长结果需要进行补充，可通过叶面喷雾的方式进行根外追肥。宜选用的叶面肥种类及浓度为：硫酸钾0.2％～0.5％、磷酸二氢钾0.2％～0.3％、尿素0.2％～0.4％、硼砂0.1％～0.2％、硫酸锌0.2％、硫酸镁0.2％、硫酸锰0.1％、钼酸铵0.05％、硫酸亚铁0.2％～0.3％，或者根据需要选用相应的中微量元素复配剂进行叶面喷雾。

六、修剪管理

橘树整形修剪应围绕培养生长健壮的营养枝和结果枝来进行，采用自然开心形进行整形修剪。

幼龄树着重扩大树冠、培养良好树形，以轻剪为主。在地上部40～50cm处定干，按照3个主枝、每主枝2～3个副主枝的原则整形，对主枝、副主枝进行短截，适当疏删过密枝群。刚种植或移栽树，第一年开花多，应尽早摘除花蕾，以免消耗大量营养而影响橘树长根和新梢抽发。主侧枝上隐芽大量萌发，抽发的新梢密而多，应及时抹芽控梢，按五留二、三留一的原则疏芽以保持留下的新梢空间分布合理，保留的枝梢8～10cm长时摘心，促进二次梢抽发，形成通风透光的圆头形树冠。

结果树的修剪时间宜在春季萌芽前，按照"弱树偏重剪、强旺树轻剪"的原则进行。先剪除交叉枝、衰弱枝、病虫枝，大部分上一年结果枝组进行回缩，位置好的强旺长枝短截1/3～1/2后培养枝组。修剪量弱树要占整个枝叶量的40%～50%，中庸树占20%～30%，强旺树占10%左右。整形修剪应围绕培养生长健壮的营养枝和结果枝进行，以疏删为主，短截为辅，保证留下的枝梢生长健壮。对部分强旺枝、徒长枝，只要位置适当应尽量保留。

七、常见病虫害及管理技术

按照"预防为主，综合防治"的植保方针，以农业和物理防治为基础，生物防治为核心，按照病虫害的发生规律和经济阈值，科学使用化学防治技术，有效控制病虫危害。实施修剪、翻土、排水、控梢和春季清园等农业措施，减少病虫源，加强栽培管理，增强树势，提高树体自身抗病虫能力。

移栽第一年要注意保护好主干和主枝，主干、主枝在入冬前用石灰水（100kg水加20～30kg生石灰）涂白，保护主干，安全越冬。

通过挂黄色粘虫板，防治蚜虫、木虱、粉虱、蓟马和广翅蜡蝉等害虫。人工摘除或用竹竿拍打法去除蓑蛾护囊、卷叶虫的虫包。用铁丝钩除天牛幼虫，人工捕捉天牛成虫和黑蚱蝉成虫。柑橘灰象甲成虫上树后，利用其假死性，振落以集中销毁。在冬季来临前修剪枯枝、病虫枝集中销毁以减轻病虫基数。在实施以上措施后病虫害仍得不到控制时再进行化学防治，选择石硫合剂、苦楝油等矿物源、生物源农药。

对主要害虫，建议在适宜时期施药。病害防治在发病初期进行，防治时严格控制安全间隔期、施药量和施药次数，注意不同作用机理的农药交替使用和合理混用，避免产生抗药性，见表1。

表1　柑橘主要病虫害防治措施

病虫害名称	防治适期及指标	防治措施
红蜘蛛	11月下旬至12月中旬，平均每叶1头；4—6月，平均每叶3～5头；9—10月，平均每叶3头	每株成年树用600～1 000头钝绥螨防治或选用螺螨酯、矿物油、阿维菌素、哒螨灵等药剂
花蕾蛆	4月中旬现蕾初期成虫出土前；花蕾露白期。上年花为害率10%	地面撒药：辛硫磷、毒死蜱树冠喷药：敌敌畏、溴氰菊酯
蚜虫	4—5月；8—9月。新梢有蚜率5%～15%时挑治，大于15%时普治	每公顷装60～80块黄板或用吡虫啉、啶虫脒等防治
锈壁虱	7—9月。有虫叶率20%或平均每叶每果15～20头	用阿维菌素、代森锰锌防治
长白蚧	5月下旬；7月下旬至8月上旬；9月下旬至10月上旬。主干、主枝有虫即治	用矿物油、螺虫乙酯、噻嗪酮防治

（续）

病虫害名称	防治适期及指标	防治措施
糠片蚧	5月下旬；7月下旬至8月上旬；9月下旬至10月上旬。 叶片有虫率5%或果实有虫率3%	用矿物油、螺虫乙酯、噻嗪酮防治
红蜡蚧	幼蚧一龄末、二龄初期；卵孵化末期。 上年春梢平均有活虫数1头	用螺虫乙酯防治
黑刺粉虱	6月上旬；7月下旬；9月上旬。 平均每叶虫数1头	用矿物油、噻嗪酮防治
潜叶蛾	7—8月嫩梢抽发盛期，芽长1～2cm时开始。 抽梢率25%～30%；嫩梢被害率15%～20%	用阿维菌素或氯氟氰菊酯防治，间隔7～10d喷1次，直至停梢
吸果夜蛾	11月上旬果实接近成熟时	安装频振式杀虫灯或用高效氟氯氰菊酯驱避或种植木防己、汉防己等中间寄主，引诱成虫产卵，再用苯腈磷和乙基辛硫磷杀灭
溃疡病	夏、秋梢新芽萌动至芽长2cm左右及花后10～50d	用氢氧化铜、王铜、噻唑锌等防治。每次期和幼果期均喷3～4次
疮痂病	春梢新芽萌动至芽长2m前及谢花2/3时	用松脂酸铜、甲基硫菌灵、等量式波尔多液防治。隔10～15d喷药1次，发病地区秋梢需喷药保护

八、果实采收

果实采收前30d停止灌水、喷水。注意下雨天和晴天露水未干时不能采果。采果按先下后上、由外向内的顺序进行。用圆头果剪采果，要求一果两剪，果蒂平齐。果实轻拿轻放，轻运轻卸，避免造成采后的腐烂损失。

九、科学防冻

在低温寒潮天气来临前，需做好以下应对措施，确保橘树和果实安全度过寒潮天气。首先应抢抓有利天气时段，尽快采收果实，防止果实受冻损失。果实采收后，要及时剪除尚未老熟的秋梢，提升树体的抗冻性。同时还要做好以下几个方面：

1. 冻前灌水

冬季土壤保持适度湿润，可以提高土壤热量。采果后，要及时灌透水。低温来临前，再次在土壤温度较高时灌透水。

2. 培土

在极端低温来临前，进行培土，厚度20～30cm，开春天气转暖后及时扒开培土。

3. 树干涂白

入冬前，用商品树干涂白剂或自制树干涂白剂进行树干涂白。自制涂白剂选择生石灰10kg、硫黄粉1kg、食盐0.2kg，加水30～40kg搅拌均匀，调成糊状，涂刷主干。

4. 树体包裹或覆盖

选用遮阳网、稻草、保温棉等材料对树体四周和顶部进行包裹固定；以防寒布、塑料薄膜等材料作为覆盖包裹材料时，在第二天早上及时打开通风，避免温差过大引起冻害加重。

5. 树盘覆盖

用秸秆、砻糠等覆盖树盘，厚度为10～20cm，以减少地表的辐射降温。

6. 叶面防冻

在寒流来临前，喷施防寒液，以调节细胞膜透性，预防冻害。

防寒液配方可选择矿物油（绿颖）300倍液＋磷酸二氢钾1 000倍液＋芸苔素内酯5 000倍液。

第二节 庭院枇杷种植和养护技术

枇杷原产于中国，秋萌冬花，春实夏熟，在百果中独具四时之气。我国枇杷栽培至少有2 100年历史，《史记》中就有枇杷的记载。枇杷四季常绿，树形美丽，寒暑无变，负雪扬花。枇杷果肉柔软多汁、甜酸适口、营养丰富，富含类黄酮、多酚、氨基酸特别是谷氨酸。枇杷果实有较强的抗氧化能力，可止渴下气、利肺气止吐逆、润五脏，多吃枇杷有益健康。此外，枇杷花可治头痛、鼻流清涕，润肺止渴，清热健胃；根可治虚劳久嗽、关节疼痛；叶富含橙花叔醇、金合欢醇、苦杏仁苷和B族维生素、熊果酸、齐墩果酸，具有镇咳平喘、抗肿瘤、润肠通便、美容、抗癌、降糖、消炎、增免疫、抗血凝的功效。

下面从品种选择、土壤改良、定植、水分管理、施肥、修剪等方面，解析枇杷庭院种植技术。

一、品种选择

枇杷品种多，《中国枇杷志》记载就有370多种，此外还有大量的野生、半野生种，按颜色分白肉与红肉两大类。在南方地区，种植时宜选择适合当地气候的品种。如浙江庭院种植可选择洛阳青、大红袍、宁海白、软条白沙等。

二、园地要求

庭院种植枇杷时，土层深度要求在1m以上，地下水位在1m以下。庭院一般为沙质或砾质壤土，都能栽培，有机质含量最好在2%左右。如庭院土壤有机质含量较低，则需通过施有机肥等方

庭院枇杷

式改良土壤。庭院栽植枇杷以土层深厚、土质疏松、含腐殖质多、保水保肥力强而又不易积水的土壤为最佳。枇杷对土壤酸碱度的要求不严格，pH 5.0～8.5都能正常生长结果，而以pH 6.0左右最适宜。

三、土壤改良

枇杷根系浅、无主根，怕旱、怕涝。种植前有机肥在穴内会腐熟发酵产生热量引起烧根，所以栽前要做到提早1～2个月改良土壤，同时树盘必须高出园面30～40cm，保证不产生积水。土壤改良首先要挖好定植穴，开挖时间一般在6—7月（秋植）或10—11月（春植），定植穴长×宽×深＝1m×1m×0.8m，挖出的表土与底土需分开。在底层放入秸秆、杂草、绿肥等粗杂肥20～30kg，撒上石灰，回填10～20cm表土，中间施入腐熟畜禽粪10～15kg、饼肥2～3kg，与底土混合，上层用表土筑高20～40cm、宽1m的定植墩。

对黏性重的土壤，可加沙子或砂砾改土；对沙性重、无保水能力的土壤，可加入黏土改良；对低洼地或地下水位高的园地，可培客土增厚土层，降低水位。

四、定植

枇杷春季定植时间为3月上中旬，一般在新梢发生前定植。秋植时间为10月，穴盆苗带土移栽。栽种时，离嫁接口上25～30cm短截，将叶片剪除，减少蒸发、提高成活率，以利重新培养主枝。栽植时，扶正苗木，舒展根系，盖上细土，压紧，浇足定根水，在树盘周围盖上稻草。

五、水分管理

幼龄果园管理总的原则是第1年以保活为主。新植的枇杷较容易抽生新梢，往往被误认为已经成活，遇干旱，叶片蒸腾量大，不注意及时补给水分会造成死亡。枇杷根系浅，既怕旱又怕涝。雨水过多，植株积水导致落叶甚至死亡。4月下旬至5月上中旬，若干旱缺水会影响果实膨大而减产；7—8月大旱会引起枇杷缺水，叶片焦枯，提早开花，导致抗冻性下降；冬季干旱又会发生燥冻，个别年份发生春旱，会出现幼果"死胚"现象。夏季高温时期，要通过喷水、地面灌溉降温防旱。7—8月夏季在主干附近树盘覆盖5～10cm厚的秸秆或杂草并撒上碎灰土，防止水分蒸发；采前

庭院枇杷

高温天气注意适时喷水，可防日灼、皱果；冬季通过树盘覆盖、适时喷水等措施防燥冻。

六、花果管理

枇杷秋冬开花坐果，花与幼果易受低温冻害（花蕾能耐−6℃低温，幼果耐−3℃低温）。成熟时易受高温、多雨等不良环境与病、虫、鸟等危害，栽培管理上可采取套袋、避雨等措施应对。

枇杷为自花授粉植物。每穗可坐果20个左右。一个花穗开完需2个月左右，全树花期达3～4个月。头花在10—11月开，易受冻，果大品质好；二花在11—12月开，冻害比头花轻，坐果率较高，果实大小与品质中等；三花在翌年1—2月开，冻害轻，果型小。

首先是疏穗。枇杷花枝与营养枝的比例为1.5∶1。疏穗于10—11月进行，疏穗时间在花穗用肉眼能分辨时进行。主轴、支轴、花蕾正处在生长发育期为最好，即在花穗刚抽出、小花梗尚未分离时为最佳时间，这时疏穗能节省养分。疏穗要视品种、气候、树势与树龄而定，分枝多的品种多疏、树势弱的多疏、树冠上部与外围多疏、幼树与老树多疏、成年强壮树少疏。树冠上部疏去1/2，上中部疏去1/4，中下部疏去1/5。在不易出现冻害的地区，一般保留主枝花穗，侧枝有2穗花的留1穗，一般疏去20%～30%的花穗。

其次是疏果。枇杷属小果类果树，在自然结果状态下，挂果过多导致果小、商品价值低，且消耗营养多，引起树体衰弱，影响第二年产量。人工栽培中要进行疏果，以促进果实膨大，留果量应视品种而定。疏果时间应在春天气温稳定无冻害后进行。疏果时，要保护果实表面茸毛，防止损伤果实表面。疏果时的大果最终成熟时也是大果，因此，要疏去小果。浙江省一般在3月下旬至4月上中旬进行疏果。疏去畸形果、病虫果、弱小果、冻害果、过多过密果，每穗留生长发育一致的果3～4个（大果品种2～4个、中果品种4～6个、小果品种6个左右）。

七、施肥管理

幼树1年施肥5～6次，掌握薄肥勤施原则，每隔2个月左右施1次。新种植树第1次施肥在6月第一次新梢老熟后，第二次新梢发生时进行。幼树第1年株施复合肥0.5～1kg，分5～6次施；第2年株施1～1.5kg，分4次施；第3年株施2kg，分3次施。

结果树1年施肥4次，分别是春肥、壮果肥、采果肥和基肥。春肥的作用是促进春梢抽发与幼果发育膨大，施用时间是春梢抽发前，2月中下旬至3月初。肥料类型以速效肥为主，适当增加磷、钾肥的比重，以满足果实发育之需，施肥量约占年施肥量的20%～25%，一般株施0.50～0.75kg的复合肥（氮：磷：钾＝15：15：15）。壮果肥的目的是促进果实膨大。施肥时间是4月上中旬，春梢停长时。肥料种类以硫酸钾等钾肥为主，辅以硼锌钙镁复合肥。株施0.25～0.5kg，长势差的可再喷施0.3%磷酸二氢钾＋0.3%尿素＋0.4%钙肥。施肥方法为浅土施入，结合叶面喷施。采果肥的作用是恢复树势、促进夏梢抽发健壮和花芽分化，

庭院枇杷

庭院枇杷

为翌年丰产打基础。施肥时间为5月底至6月初，施肥宜早不宜迟，一般采果前一周内施用。肥料类型以复合肥＋尿素为主，施肥量为0.75～1kg复合肥＋1kg饼肥＋0.1～0.2kg尿素，施肥方法为开沟浅施。枇杷施基肥时间为8月底至9月上中旬。肥料以腐熟菜籽饼、猪羊粪有机肥为主。施肥量为腐熟有机肥40～50kg/株。施肥方法为沿树冠滴水线挖宽30～40cm、深40cm的环状或月牙形沟施入。

八、修剪管理

枇杷修剪的目的是培养良好树形，保持树体通风透光。修剪的原则是春适时、夏宜早、秋宜晚。

幼树定植后在嫁接口上方25～30cm处定干。定干后保留生长强的各方向枝3～4个，其余抹除。新梢长到20～25cm时进行摘心。以后抽生的梢在30cm左右进行摘心。种后第三年实施拉枝、吊枝、撑枝和压枝等办法，缓和枝梢角度，促使树冠矮化。定干后第1次抽发的枝梢为3～4个，培养为一级主枝；在每一主枝上抽发梢留2～3枝，形成2级副主枝；在每个副主枝上再抽发2～3个枝梢形成3级骨干枝；在骨干枝培养1～2个枝梢成为结果枝组。经两年半的树形培养，生长旺盛的树体分枝级数达6级，个别的达7级。

春季修剪时间为早春2—3月新梢萌发前，修剪目的是促进春梢抽生。修剪时，剪除病虫枝、过密枝、衰弱枝、冻死病花穗。形成1个主枝2个侧枝的结果枝组。一侧结果，另一个侧枝疏去花穗，促使早发春梢，培养下一年的结果枝。

夏季修剪的目的是培养健壮夏梢。对结果枝进行细长枝、过长枝回缩。疏除结果后的平行枝、密生枝、交叉枝。时间为采后1～2周内完成。疏除过多的早夏梢；保留夏梢主枝，侧枝保留2个；对树冠上部过强的直立枝进行拉枝或扭梢（7月中旬前完成），以利花芽形成。采果后，对于弱结果枝从基部剪除；短粗结果枝可不修剪；中长结果枝可留3～5片叶短截，促腋芽，早发夏梢；对长结果枝或经过一定生长年限后，其基部无叶片，枝条过长，影响树形与品质，自基部留10cm进行回缩修剪。

秋季修剪选择9—11月。修剪目的是调整结果枝与营养枝的比例，解决生殖生长与营养生长之间的矛盾，促进结果枝组的发育，提高坐果率；剪除花枝上过多的秋梢；剪除下垂枝、过密枝；根据枇杷树体情况结合疏花疏蕾进行。

九、常见病虫害及管理技术

枇杷树势与其对病虫害抗性的关系十分紧密。当枇杷树势衰弱时,各类病菌容易趁虚而入。加强枇杷的管理,增强树势,可提升枇杷的病害抵抗能力。要注重避免偏施氮肥,注意果园的排水工作,避免果园湿气过重。很多害虫都具有假死性,因此可利用害虫的这个特性,在清晨或傍晚摇动枇杷树的树干,对害虫进行人工捕杀。为了有效防治日灼病以及各种虫害,可将枇杷树的树干涂白。同时,可利用害虫的生活习性对其进行防治,比如在枇杷树冠设置黑光灯,以有效杀死害虫成虫。在防治叶斑病、炭疽病、枇杷黄毛虫以及梨小食心虫等病虫害的过程中,化学防治技术发挥着重要的作用。在开展化学防治时,可以采用杀菌剂加杀虫剂混合喷施的方法。通常会采用25%腈菌唑4 000倍液防治叶斑病和炭疽病等,采用10%氯氰菊酯1 500倍液防治枇杷黄毛虫、木虱以及梨小食心虫等常见虫害。

十、果实采收

应适时采收,提早采收会降低品质,过迟采收会导致皱果、落果、烂果。选择晴天采收,采收时由外向内,由下向上,手执果柄,不接触果实,尽量避免擦掉果面茸毛。

十一、科学防冻

枇杷不同形态的花抗冻性不同,抗冻强弱为:花蕾>花瓣脱落花萼合拢的花>刚开的花>花瓣脱落花萼未合拢的花。果实方面,横径≤1.0cm的幼果>横径>1.0cm的幼果。当伴随霜冻、90%以上湿度、最低温度在−1.1～−0.6℃下持续3h就有冻害发生。

12月到翌年3月,冻害多发生在晴朗无风的夜间。低温发生的月份越迟,危害越严重,3月低温最危险。树冠南面比北面轻,树冠内部比外部轻。花数多的花穗、开花迟的花穗、侧枝花穗冻害轻一些。树体健壮、叶片多、绿叶层厚、开花迟、花期长,避冻能力强，增强树体体质最重要。加强培肥管理，根外追肥，增强树势，提高树体耐寒能力。另外可通过树盘覆盖稻草与树干涂白、在冻前5～7d灌水、花穗束叶套袋防冻、雪后及时摇雪、加盖防霜设施等措施进行防冻。

第三节　庭院葡萄种植和养护技术

葡萄为高大缠绕藤本植物，原产于西亚地区，在西汉时引入中国，现在新疆、云南、浙江、山东、河北、山西等地有分布。葡萄被人们视为珍果，被誉为世界四大水果之首，它营养丰富、用途广泛、色美、气香、味可口，是果中佳品，既可鲜食又可酿制葡萄酒，而且果实、根、叶皆可入药。庭院葡萄栽培在我国已有1 400多年的历史，目前全国各地均有栽培，合理利用房前屋后栽培葡萄，集观赏食用于一体，不仅可以美化环境，陶冶情操，还可以享受自己种植的新鲜水果。但是在庭院里种植葡萄需要注意一些问题，比如品种选择和管理方式等，下面介绍葡萄庭院种植和养护技术。

一、品种选择

对于庭院葡萄种植来说，选择适合种植环境的品种非常重要。庭院葡萄应选择抗病、丰产、质优、生长势强而且易管理，大穗、大粒、美观、香味浓、色泽鲜艳、较晚熟的品种，如果院落较大，也可早、中、晚熟品种搭配。可选择的品种首先是巨峰，巨峰表皮紫黑色，肉质厚实多汁，口感鲜美，生长迅速，对水分和光照的要求不高，非常适合进行粗放管理。其次是夏黑，也称黑枸杞，表皮深紫黑色，味道浓郁，口感独特，夏黑同样具有较强的环境适应能力，耐旱耐寒，非常适合庭院种植。除了巨峰和夏黑，还有玫瑰香，这是一种表皮浅红色、味道鲜美的葡萄品种，有良好

庭院葡萄

的适应能力，对环境要求低，生长稳健。此外，还有醉金香、紫贵妃、保加尔等鲜食品种。酿造品种不宜作庭院栽培。

二、栽培架式

庭院葡萄可根据院子大小和种植用途来选择不同的模式。一般有小棚架，适用于较小的院落，葡萄易于布满架面，有利早期丰产，一般架长4～6m，架根高1.3～1.5m，架梢高1.8～2.2m，株距0.5～1m。还有单株高干凉棚架式，在庭院幽静的地方，搭2m高的方形或圆形的平顶凉棚架，中间栽一株葡萄，采用高主干、多主蔓整形方式，其枝蔓均匀地分布在架面上，形成一个平顶绿叶覆盖凉棚，棚下可安置石桌小凳，人在葡萄架下面休闲乘凉，别有风味。另外还有盆栽形式，若庭院取土不便或全是水泥地面，可采用盆栽形式，即将盆栽葡萄整齐地摆放在走道两旁等地方。

三、土壤改良

俗话说"养树先养根，养根先养土"，可见土壤条件是决定果树生长的关键因素。葡萄作为一种需肥量大的果树品种，其根系在疏松、有机质丰富、通气性好的土壤中才能正常生长和发挥良好的吸收功能。庭院的土壤一般比较僵硬，排水不良，因此，栽植前一定要挖沟改土，栽植沟宽和深均要达到1m左右。庭院内如果有太多的建筑余土或污染土，需要重新换土。将定植沟挖出的土与发酵充分的饼肥、菌渣、砻糠、有机肥等搅拌均匀，回填时，沟底可填入树枝或秸秆，厚度约20cm，表土和肥料均匀混合后填入中层，厚度约60cm，上层20cm左右填入表土。

四、定植

葡萄苗定植时间一般选择在春季萌芽前15～20d，定植方法要结合当地的气候条件而定。比如南、北方春季温度差异较大，在北方定植时要深挖定植穴，再填充农家肥后定植；而南方深耕后起垄定植，需要深挖排灌沟。定植前，选择生长强健、芽眼饱满和发育良好的苗，保留嫁接口以上的三个主要且饱满的芽，将葡萄苗的根部在清水中浸泡4～6h。定植前，剪除过长或病弱根，将葡萄苗的根部蘸上生根水并保持3～5s，以促进生根。应注意，如果是嫁接苗，嫁接口需高出地面3cm左右，不能埋入土中。将苗木放入定植穴中，展开根系，分散分布在穴内，防止窝在一起，苗木摆好后，先填表土，后填底土，边填边用脚踏实，填土一半时，用手将苗木轻轻上提，使土壤和根系充分结合，直至填满为止。完成种植后要及时浇水，确保水分能够渗透到土壤深处。

五、水分管理

葡萄的耐旱性较强，只要有充足、均匀的降雨一般不需要灌溉。但我国大部分葡萄产区降雨分布不均匀，因此根据具体情况，适时灌水对葡萄的正常生长十分必要。葡萄植株需水有明显的阶段特异性，从萌芽至开花对水分需求量逐渐增加，开花后至开始成熟前是需水最多的时期，幼果第一次迅速膨大期对水分胁迫最为敏感，进入成熟期后，对水分需求变少、变缓。萌芽期：葡萄萌芽时需水较多，如果水分充足，芽会萌发得比较整齐，因此，应结合施催芽肥进行灌水。开花期：要求空气干燥，地下暂时停止灌水，以防加剧落花落果。果实膨大期：此时期浆果生长和新梢旺长需要水的支持，如水分不足，叶片和幼果争夺水分，常使幼果脱落，严重时导致根毛死亡，地上部生长明显减弱，产量显著下降。果实着色期：为提高浆果品质，增加果实的色、香、味，抑制营养生长，促进枝条成熟，应控制灌水，一般应于采前15～20d停止灌水，若遇长期干旱，可少量灌水，如大量灌水或遇强降雨，会引起裂果和影响果实的品质，应注意排水。采果后：葡萄采后应及时灌水，增大土壤中的含水量，以恢复树势，促使根系在第二次生长高峰期大量发根。落叶修剪后灌一次越冬水。

六、施肥管理

葡萄对氮、磷、钾的需求量较大，需要根据葡萄不同生长期的需求，进行分季施肥。一般来说，萌芽期需要施用氮肥和磷肥，以促进新梢的生长；生长期需要施用氮肥和钾肥，以促进植株的生长和养分积累；开花期需要施用磷肥和钾肥，以促进花芽的分化和开花结果；结果期需要施用钾肥和磷肥，以促进果实的膨大和品质提高。葡萄在生长过程中，叶面吸收养分的能力较强。可以在生长季节采用叶面喷肥的方式补充营养。叶面喷肥可以选择氮、磷、钾等水溶性肥料进行喷施，也可以添加微量元素来提高葡萄的抗病能力和品质。越冬肥一般在8—9月施入。此时是葡萄根系生长第二高峰期，可促进葡萄发生大量须根，以壮树势，更利于越冬。此次施肥以农家肥为主，同时需施入钙肥和少量复合肥。葡萄全年施肥量及每次施肥量可根据土壤条件、树龄、产量高低和肥料质量酌定。每次施肥后，应浇1次透水，但膨大肥施入后，要连浇两次水（中间一般间隔5～7d）。

七、修剪管理

葡萄修剪是葡萄种植管理中一项非常重要的技术环节，剪枝环节抓得好，不仅能使植株生长健壮，也是葡萄优质丰产的基础。庭院葡萄的主要功能是避暑、休闲等，因此庭院葡萄的修剪要视种植者的需求来决定。

葡萄修剪在葡萄落叶后2周开始至伤流前3周进行。庭院葡萄当年栽植常见的为单干单臂整形和单干双臂整形，主蔓生长上架后剪截，左右留两个新梢培养成两条主蔓。全年修剪管理分为春抹芽（抹去主干、结果枝条上多余芽点）、夏打顶、冬修剪：主蔓达到预想高度后，按照所选树形、爬藤面积确定结果母枝，将结果母枝上的细弱枝条去除，尽量保留当年生1cm左右粗细的枝蔓，如若期望的爬藤面积较大，可以保留少量枝条并且短截。

八、常见病虫害及管理技术

庭院葡萄病虫害防治要遵循预防为主，综合运用各种防治措施，物理防治、生物防治为主，化学防治为辅的绿色防控原则。葡萄是一种病虫害较多的果树，特别是夏季，温度攀升快、雨水充足，大量病虫害集中暴发，如果防治不及时，将会影响其产量与品质。葡萄主要病害有霜霉病、白粉病、炭疽病、褐斑病、灰霉病等，虫害主要有红蜘蛛、蓟马、瘿螨、绿盲蝽、斑衣蜡蝉等。

病虫害防治措施：①加强栽培管理。提高植株的抗病虫能力。②清除病菌、虫卵。在发病期间和秋、冬季修剪时，都要彻底清除树上和地上的病枝、病叶、病穗、病粒和主蔓上的枯皮，清除或减少病菌和虫源，并集中深埋。③剪枝和疏果。剪枝可以消除病害部位，减少病害发生的机会；疏果可以降低病害的传播速度，保持葡萄树冠通风透光，减少病菌滋生。④定期检查葡萄植株和果实。注意观察葡萄植株的叶片、幼果、结实部位等是否出现病斑、虫卵或虫洞。⑤药剂防治。在病虫害较为严重的情况下，可以采用化学防治，如病害常见药剂有代森锰锌、甲基硫菌灵、肟菌酯·戊唑醇等；虫害常见药剂有噻虫嗪、吡虫啉等。幼穗期尽量不要施药，避免引起畸形果，破坏商品性状。

九、果实采收

庭院种植的葡萄一般在完熟后采收，果梗稍稍变黄是成熟的标志，太青可以延迟采收。采收时避免人为造成树体或是果实机械损伤。

采摘果实前半个月内不能喷洒农药，以免产生残留。采摘时一般是一手托住整个果穗，一手拿枝剪从果柄着生枝条处留1cm处剪下，剪下后如果有套袋要脱掉袋子，仔细检查有无病果。采摘果实上有水或是其他黏附的烂叶，一定要用干净的布擦拭干净再储存。阴雨天、浓雾天不宜采收。

十、科学防冻

葡萄在气温降至10℃左右营养生长就会停止，而进入休眠期后葡萄的抗寒能力也会有一定局限性。气候因素不可控，近年来冬季雨雪多、风大，极端天气逐渐增多，使葡萄遭受冻害的问题变得严重。尤其北方冬季气温低且漫长，春季又常有晚霜，一旦发生冻害，葡萄的枝蔓或根系会受到不同程度的损伤，导致春季萌芽晚、萌芽不整齐、新梢生长势弱、花芽分化不良、坐果率低等、严重时植株死亡，造成绝收。为了让葡萄安全越冬，要做好葡萄越冬防寒管理措施。预防葡萄冬季冻害的方法很多，南方有主蔓包扎、枝干涂白，北方最有效的还是地面实埋防寒和地下开沟实埋防寒。

地面实埋法是将修剪后的枝蔓顺一个方向依次下架、梳理捆好，平放于土壤上。寒冷地区要防止枝蔓压断，另外可在植株基部和枝蔓上部、两侧放一些稻草、秸秆等覆盖物，然后覆土压实即可。

地下开沟实埋法是在植株旁边离根40cm处顺行向开一条宽和深各50cm左右的深沟，然后将梳理捆好的枝蔓放入沟内，为保证防寒效果，可放入稻草、秸秆等物，再覆土拍实。这种方法防寒效果好，但不宜连年使用，以免对根系造成损伤。

第四节　庭院柿种植和养护技术

柿是柿科柿属乔木植物，原产于中国，在浙江、江苏、湖南、湖北、四川、云南、贵州、广东、福建等地的山区林中，尚有野生和半野生的柿树存在。柿树是一种耐寒、耐旱、病虫少、寿命长的果树，在我国拥有悠久的栽培历史和丰富的文化内涵，不仅果实可以食用，柿树还有很高的观赏价值。柿树是我国许多园林景观中常见的植物，它具有浓密的树冠和美丽的红色果实，被赋予平安与吉祥、愿望与希望、耐力与坚韧、长寿与福禄的寓意，因此常被用来装点庭院、公园和景区。下面介绍庭院柿树种植及养护技术。

一、品种选择

庭院柿树的品种选择非常重要。需根据地区气候差异、庭院空间大小等因素选择适合的品种。南方地区可以选择脆甜柿，脆甜柿是一种南方常见的柿树品种，果实呈圆形，外皮光滑，口感脆甜可口，脆甜柿的品种有太秋甜柿、阳丰甜柿等。对于北方地区来说，气候寒冷，种植柿树需要考虑其耐寒性，比如磨盘柿、牛心柿、黑柿等都是耐寒性较强的品种，适合北方地区种植。对于空间较小的庭院来说，宜选择小型的柿树品种，比如富士柿、琥珀柿等，为矮生型柿树，树干较矮小。对于喜欢盆景的人来说，可以种植老鸦柿、乌柿、禅寺丸、火柿等易于矮化造型的品种。

庭院柿

二、土壤改良

柿树属于深根性树种，树龄很长，为了使树体正常生长，延长盛果期，在种植柿树时，最好选择土层深厚、土壤肥沃疏松、地下水位较低的背风向阳庭院。柿树适生于中性土壤，pH 6～7最适宜，土壤pH 5～8的范围内也可栽培，较能耐瘠薄，但不耐盐碱，且根系在酸性土壤中易发生根腐病，pH过低时应改良。种植前要深挖树穴，定植穴大小应视苗木大小和土质不同而定，一般定植穴以1m²左右为宜，种植时将挖出的土和腐熟有机肥、泥炭土等改土材料充分拌匀回填。土壤改良时必须改善土壤理化性状，使土壤疏松、有机质丰富、透气性好、保肥保水力强，水土不致流失。

三、定植

柿树栽植最适宜时期为秋季落叶后及春季萌芽前，容器苗或带土移栽不受季节限制。柿苗放入穴内时，一要保持根系舒展，不要使根系与肥料直接接触，根系附近最好用表土填埋；二要提根，定植时边填土边摇动树苗，使土充分沉入根的缝隙中，当填入的土将苗根大部分埋没时，用手将苗稍向上提，使嫁接口保持在地平面以上，然后填土踩实，填满土后在穴周围修成土埂，再浇透定根水，树盘最好用地膜或稻草覆盖保湿。

庭院柿

四、水分管理

柿树根系分布广而深，抗旱能力较强，年降水量450mm以上的地方，一般不需灌溉，但长期干旱也会影响根系、枝叶和果实生长，加重落果，连续阴雨容易导致病害流行。柿树宜进行深层灌溉，保持土壤湿润但避免积水。根据地区气候和土壤湿度状况调整灌溉频率，以避免灌溉过度或不足。在干旱天气下，应适当增加灌溉次数，通过覆盖物（如木屑或草皮）覆盖土壤表面，可有效降低水分蒸发，保持土壤湿润。柿树不耐涝，因此要避免产生积水，确保土壤排水良好，以免根系受损。柿树在冬季进入休眠期，此时水分需求较低，应减少浇水量，但仍需保持土壤适度湿润，避免根部干燥。

五、施肥管理

柿树在生长季节需要充足的养分供给。施肥应在最需养分之前施入，一般基肥以有机肥为主，在秋季果实采收后至春季解冻前施入，依树体大小和结果多少适量施入有机肥，施入施肥沟中与土混合均匀；追肥以速效性肥料为主，如氮肥、磷肥、钾肥等，幼树一般以速效肥为主，在枝条快速生长期分少量多次施肥，盛果期树追肥时期为新梢生长期、幼果膨大期和果实着色期，新梢生长期以氮肥为主，幼果膨大期氮、磷、钾肥配合，果实着色期以磷、钾肥为主，盛果期树年施肥量为每株氮400g、磷200g、钾400g，追肥方法可用放射状沟施、穴施和地面撒施等。追肥时应注意氮肥不能过量，时间不能过迟。否则，影响下年开花结果，当年果实着色不良，成熟期推迟，品质下降。

庭院柿

六、修剪管理

柿树是以壮树、壮枝、壮芽结果为主的果树，放任生长会造成树冠高大，外围枝条繁盛，通风透光不良，内膛光秃，结果部位外移，结果面积缩小，产量很低，为了培养牢固的树体骨架，调整

庭院柿

树势，提早结果，改善通风透光条件，减少病虫危害，延长经济寿命，提高品质，必须进行整形修剪。

　　庭院柿树定干高度根据庭院的实际情况而定，包括周围建筑物、阳光照射程度、种植空间、树的高度和树冠的大小等因素。庭院柿树修剪还要符合柿树特性，做到有形不死，随树造形，均衡树势，主从分明，以疏为主，抑强扶弱。庭院柿树一般按自然开心形进行整形修剪，其树体结构为干高60～80cm，主枝数以3个为宜，在果树生长期主要做好除萌、扭梢和摘心工作，在果树休眠期主要疏除密生枝，剪去病虫枝、交叉枝和重叠枝，短截和回缩下垂枝、衰弱枝条等。

七、常见病虫害及管理技术

柿树容易受到炭疽病、黑星病、柿绵蚧、柿毛虫等病虫害的侵害。综合防治柿树病虫害，要做到以下几点：①清园。柿树休眠后期，冬剪等工作完成后，早春柿树发芽前，首先要清除落叶和枝条上的病蒂，减少侵染源，树上、树下要均匀喷5波美度石硫合剂或5%柴油乳剂，以消灭越冬害虫。②树干涂白。柿树刮皮后，要在刮皮部位涂刷涂白剂，涂液的浓度要适中，以涂抹不流失及干后不翘、不脱落为宜。③5—8月是柿树病虫害高发期。在花后20d左右病菌开始传播前喷1：（3～5）：（400～600）波尔多液，共喷2～3次，每次间隔15～20d。柿叶对铜离子比较敏感，宜用石灰多量式波尔多液，以防药害。病害预防最关键的是要加强管理，疏除过密枝，增强通风透光性，注意排水降低湿度，减少发病。柿树果实易受炭疽病和褐斑病危害，造成大量落果，果面布满黑斑。因此在果实横径3～4cm和6～8cm大小时各喷洒一次65%代森锰锌可湿性粉剂500～600倍液，可有效预防柿树病害的发生。④防止落果。柿树易发生落果，除生理落果外还有生长后期落果，防治方法可采用环状剥皮法，开花期前后进行主干或主枝环状剥皮，可显著改善落果现象。另外要加强栽培管理，避免强剪造成枝梢徒长，采取控制氮肥施用及水分调整、疏蕾及疏花防止开花过多等措施，对防止落果有一定的效果。

八、果实采收

柿子成熟的季节是秋、冬季，根据各地气候，一般柿子的采摘时间从9月中旬到12月底不等，且依目的不同而异。作脆柿食用时，宜在果实已达应有的大小、皮色转黄、种子呈褐色时采收，脱涩后食用；甜柿在树上已脱涩，采收后即可食用，一般在果皮完全转黄后采收，采收过早，皮色尚绿，品质不佳，采收过晚，果易软化，口感欠佳。作软柿的柿果，最好在树上黄色减退，充分转为红色，即完熟后再采。用于制作柿饼的，宜于果实成熟，由橙转红时采收，一般都在霜降前后采收，果实含糖量高，尚未软化，削皮容易，制成的柿饼品质较优。另外需注意的是，柿子的采收宜选晴天，久雨初晴不可立即采收，否则果肉味淡或在贮运中易腐烂。

九、科学防冻

柿树通常可以耐受轻度的低温，但在寒冷的冬季，特别是极寒地区，额外的防冻措施是必要的。在选择种植柿树的位置时，选择阳光充足、通风良好且不易积水的地方，以避免积水导致根部受冻。冷冻来临前，及时浇足防冻水；树干缠绑防寒物（如草绳、稻草、废棉物等）；及时清积雪，以防冻坏树根。还要加强综合管理，保持健壮树势，增强越冬能力。

第五节 庭院桃种植和养护技术

桃是一种美味的水果，自古以来就是春日的象征，在我国它还被视为长寿和繁荣的象征。桃树春天开花时是一幅不可多得的美景，粉红或白色的花能显著提升庭院的美感，为家增添一抹自然的色彩。家庭栽种桃使您可以享受到新鲜无污染的果实，而且往往比市场上的更加甘甜，因为它们可以在完全成熟时采摘。随着桃树的成长，它们茂盛的树冠可以提供宜人的阴凉，创造一个凉爽的户外休息空间，特别是在炎热的夏季。下面介绍庭院桃种植及养护技术。

一、品种选择

选择庭院桃树品种时应考虑气候条件、成熟时间、果实用途、果实特性和树形等因素，选择能够适应气候的品种。桃树对温度敏感，需要一定的需冷量，以确保休眠和正常开花。

桃树分为早熟、中熟和晚熟品种，选择不同成熟时间的品种可延长收获期，一般情况下，越晚熟的品种品质越高，但越难管理，可以根据需求选择最适宜的品种。

桃花颜色从淡粉色到深红色不等，选择一种在春天开花时能提供美丽景观的品种也是一大优势。

二、苗木选择与栽植

苗木选择时，应选择健康、无病虫害的1年生或2年生嫁接苗。

在庭院中选择一块心仪的地点，确保选定的地点阳光充足，土壤应排水良好，避免积水。选择远离建筑物和其他大型植物的位置，以确保桃树有足够的生长空间，通常建议树与树之间保持3～5m的间距。

庭院桃

在定植前检查苗木，修剪损伤的根部。对土壤进行深翻，除去杂草和石块，同时加入底肥。底肥以有机肥、农家肥和饼肥为主，并根据树体营养状况，配施一定的微量元素肥。

栽植时先挖栽植坑，大小应比根系宽且深，直径和深度至少为60cm。将苗木置于栽植坑中心，树干的接穗部分应高出土壤表面2～3cm。保持根系分布均匀，逐渐加土，填满栽植坑。在填土时轻轻摇动苗木，以帮助土壤填充根系间的空隙。避免使肥料直接接触树干和根颈部位，以免烧伤苗木。

定植后立即浇一次透水，以确保土壤与根系紧密接触，并帮助释放土壤中的空气。在新栽植的桃树周围建立一个浇水井，可保持水分直接流向根部。定植后的几周内，需要特别注意桃树的水分和营养，这是桃树成活的关键阶段。

在桃树幼苗生长的第一年，保持土壤湿润，帮助树木建立健康的根系。使用覆盖物（如树皮或草坪剪切物）来保持土壤湿度和温度，减少杂草。如有必要，可以在树苗旁边打一个支撑桩，以帮助苗木保持直立，防止被风吹倒。

三、水分管理

浇水应根据土壤类型、气候条件和树木的生长阶段来确定。在干旱季节或者土壤排水性能较差的情况下，需要经常浇水以保持土壤湿润，但也要避免积水，因为积水会导致根部缺氧，甚至腐烂。

开花期和果实膨大期是桃树对水分需求较高的时期，应保证适量的水分供给，促进果实的正常发育。收获后，减少浇水量，帮助树木进入休眠期。

四、施肥管理

桃树一年中有几个关键的施肥时期。春季在萌芽前施用一次全面的复合肥，以促进早期的生长发育。芽前肥在立春前15d左右施用，以弥补果后施肥不足或未施肥的问题，及时补充桃树树体内养分的不足。芽前肥一般株施生物有机肥2～3kg，或尿素0.5kg、过磷酸钙0.2kg、氯化钾0.3kg，并与腐熟人粪尿混合后一同施入。花前肥在开花前15～20d施入，株施尿素0.5kg或硫酸铵1kg，并将硼砂0.25kg与5kg腐熟有机肥混施。桃硬核肥以全钾肥为主，氮、磷肥为辅，一般株施氯化钾0.3～0.5kg。采果前15～20d，果实膨大速度加快，根据桃树产量追施钾肥，一般每50kg桃追施氯化钾0.15kg。

果实成熟前1～2个月，应减少氮肥施用，防止新梢过旺，影响果实品质。收获后，可以施用一次磷、钾肥，帮助桃树恢复树势并储备养分，以便来年开花结果。采后肥以腐熟有机肥为主，并配施氮、磷肥，以促进根系发达，使树体有充足的营养，枝叶充实，增强越冬能力。采后肥按每50kg桃施生物有机肥5kg左右，或腐熟有机肥10kg，配施尿素1kg、过磷酸钙1.5kg，混匀后沟施。

五、整形修剪

庭院桃树的整形修剪是一项重要的栽培管理措施，目的是塑造合理的树形、促进通风透光、增加果实品质和产量，以及方便采摘和防治病虫害。修剪前要根据庭院大小和需求，确定最终的树形。庭院桃树常用的树形有纺锤形和自然开心形等，自然开心形较常见。

1. 幼树形成期修剪

在桃树生长的前3～4年，是形成树形的关键时期。每年春季，在桃树萌芽前进行修剪。选择并培养好的骨干枝，一般选3～4个分布均匀、角度适中（约45°）的枝条作为主枝。剪除不利于形成良好树形的竞争枝、病弱枝和过于密集的枝条。每年对新生长的枝条进行疏剪和短截，以控制树势和促进营养集中。

2. 成熟树的修剪

成熟桃树的修剪主要是为了保持树形和提高果实品质。冬季或早春，在桃树萌芽前修剪，剪除病枝、弱枝、交叉枝和内向枝。剪短上年生长的新枝，促进新芽形成，因为桃树多在当年生长的新枝上结果。适当降低树冠密度，保持通风透光，利于果实均匀着色和提高糖分。

在生长季节，根据需要进行修剪。及时剪除生长过旺的直立枝和徒长枝，特别是树干和主枝上的。如果发现密集生长的新枝，可适当疏剪，保持适当的通风透光。修剪时要使用锋利的工具，避免造成伤口撕裂。剪口应平滑，避免留下粗糙的树皮，以免成为病菌和害虫的侵入口。剪后的伤口尽量小，不必涂抹树脂或其他封口材料，自然愈合即可。对于剪下的病枝要及时处理，不要留在庭院中。

六、常见病虫害及管理技术

桃树的健康生长会受到多种病虫害的影响。及时清园、生物防治和化学防治等为主要病虫害防治手段。通过清除园内的残枝落叶，减少病菌和虫卵的越冬场所。合理密植，保持良好的通风透光。适时修剪，去除病弱枝，促进树势旺盛。利用天敌控制害虫数量，如引入瓢虫防治蚜虫。应用生物农药，如微生物杀虫剂或杀菌剂。在病虫害防治中，如果必要，可适量使用化学农药。应遵循农药使用说明书，注意安全间隔期和剂量，避免过度使用。药剂轮换使用，以减缓病虫害抗药性的发展。

1. 桃缩叶病

属真菌性病害。病菌在桃芽和鳞片中越冬。翌年春长叶时病菌侵入嫩叶，展叶时开始表现症状。4—5月病情扩展，6月后气温升高，病情减缓。低温多湿利于该病发生。

防治方法：桃芽萌动至花苞露红期，喷施甲基硫菌灵或多菌灵，或再与70%代森锰锌可湿性粉剂500倍液、井冈霉素水剂500倍液交替使用。特别在雨后最好喷药防治。

2. 桃流胶病

主要原因是树体损伤、霜害、管理不当，或病原真菌侵染引起。发病时间一般在4—10月，高峰期为5—6月和7—8月。

防治方法：加强肥水管理，增强树势，提高抗病能力。科学修剪，注意生长季节及时疏枝回缩，冬季修剪少疏枝，减少枝干伤口，注意疏花疏果，减少负载量。在生长季节及时用药，每10～15d喷洒一次50%超微多菌灵可湿性粉剂600倍液，或70%超微甲基硫菌灵可湿性粉剂1000倍液，注意以上药剂须交替使用。

3. 桃疮痂病

桃疮痂病又称黑点病、黑星病、黑痣病。发病时间一般在4—10月。主要危害果实、叶片和枝梢等。

防治方法：在4月上旬喷40%菊马乳油1000倍液＋腐霉利2000倍液。也可用25%多菌灵可湿性粉剂300倍液或65%代森锌可湿性粉剂500倍液，每隔15d喷1次，连喷3～4次，上述药剂最好交替使用，以免产生抗药性。

4. 桃小食心虫

以第一代幼虫危害最重，常年发生时间为4月中下旬至5月中旬，以老熟幼虫在土壤中结茧越冬。第二代以后已套袋，不再造成危害。发生危害时果形变畸，果内虫道纵横，并充满大量虫粪，完全失去商品价值。

防治方法：①在成虫产卵前对果实进行套袋保护。②可利用桃小食心虫性诱剂诱杀成虫。③成虫羽化和幼虫盛发期可用2.5%氟氯氰菊酯乳油1500倍液防治。

5. 梨小食心虫

1年发生3～4代，以老熟幼虫在果树粗翘皮缝、树下土缝、落叶杂草等处作冬茧越冬。致病时可导致桃树折梢，导致规划好的树形和结果枝被破坏，而且其第二代还会钻入果实内危害。

　　防治方法：①落叶后发芽前清除杂草、落叶，做好清园。及时清扫果园落叶落果，刮除老翘皮，并集中深埋或销毁，消灭越冬代幼虫。②可利用梨小食心虫迷向剂阻止成虫交尾产卵，达到降低虫口密度、减轻危害的目的。③幼虫初孵期可用高效氯氟氰菌酯乳油2 000倍液或毒·氯乳油2 000倍液喷雾防治。

6. 桃蛀螟

　　主要以幼虫蛀入果内危害果实为主，严重时，造成大量落果、虫果，严重影响商品价值。

　　防治方法：①清除越冬幼虫。在每年4月中旬，越冬幼虫化蛹前，清除玉米、向日葵等寄主植物残体，并刮除苹果、梨、桃等果树翘皮、集中销毁，减少虫源。②果实套袋。在套袋前结合防治其他病虫害喷药1次，消灭早期桃蛀螟所产的卵。③诱杀成虫。在桃园内点黑光灯或用糖、醋液诱杀成虫，可结合诱杀梨小食心虫进行防治。④化学防治。要掌握第一、二代成虫产卵高峰期喷药。可用50%杀螟松乳剂1 000倍液、Bt乳剂600倍液，或2.5%高效氯氟氰菊酯乳油3 000倍液。

七、合理采收

　　采收的时间尽量选择在早晨或傍晚，此时天气比较凉爽，可以减少采后果实的呼吸强度，有助于保持果实品质。采收过程中应穿戴合适的衣服和防护用具，以保护自己免受树枝划伤，同时也保护桃果不被指甲或首饰刮伤。

　　采收时要注意观察桃的颜色、大小和软硬程度。当桃靠近果梗处的颜色由绿变黄，果肉变得稍软，果实轻轻按压有弹性，且散发出香味时，表明桃已经成熟。尽量保留果梗，这样可以延长保鲜时间，减少果实损伤和腐烂的风险。采收时要用手轻轻地托住底部，小心地将桃从树上扭下，避免用力过猛导致果实受损，一些种类的桃子，如水蜜桃，外皮特别脆弱，需要格外小心处理。若使用工具如剪刀采收，确保工具是干净且消过毒的，以防止病菌传播。

在采收过程中，如果发现病虫果实，应及时剔除，以免影响其他果实的品质。采下的桃子应轻轻放入果篮或收集容器中，避免从高处落下或重叠堆放。然后储存在阴凉通风处或冷藏。

八、冬季管理

1. 清园

清除果园内的杂草、枯枝、落叶等，减少病虫越冬场所。收集和销毁受病虫危害的果实和枝条，减少来年春季病虫害的发生。

2. 施肥

冬季施基肥，主要施用腐熟的有机肥，如农家肥、堆肥等，以提高土壤肥力。根据土壤检测结果和桃树生长情况，适量施用磷、钾肥，促进根系发展。

3. 浇水

在进入冬季前进行一次透水灌溉，称为冬灌，有助于提高土壤湿度，增强桃树的抗寒能力。如果冬季干旱，适时补充灌溉，避免因干旱影响桃树正常越冬。

4. 修剪

冬季是进行桃树修剪的好时机，修剪掉病弱枝、枯枝、交叉枝等，以塑造树形，控制树势。修剪后应做好剪口处理，减少病菌侵入机会。

5. 防寒保温

在气温较低的地区，可采取覆盖草垫、稻草等保护措施，减少冻害。对嫁接部位、树干涂白或用草绳、草袋等材料进行包扎，以防树干冻伤。

6. 病虫害防治

冬季是进行病虫害防治的关键时期。可喷洒石硫合剂、波尔多液等冬季杀菌剂，对桃树和园地进行消毒。对于严重的病虫害，可采取剪除病枝、刮除虫卵等物理方法，减少病虫害的越冬数量。

7.耕翻土壤

在桃树周围轻轻耕翻土壤，增加土壤透气性，有助于根系发展。耕翻同时可破坏病虫害的越冬环境。

第六节 庭院李种植和养护技术

李作为高端水果的一种，其果实成熟早、产量高，果色艳丽，果味酸甜适口，极富营养价值，既可鲜食又适宜加工，发展前景广阔。李树体矮小、生长适应性强、栽培管理方便简单，适于庭院栽植。在庭院里种李树，不仅能欣赏到美丽的李花，还能享用到鲜美的李果实。而且，李树能很好地净化空气，吸收空气中的有害气体，通过光合作用释放人体所需的氧气。下面介绍庭院李种植和养护技术。

一、品种及苗木选择

选择适合种植地区气候的品种。比如，如果冬天比较冷，那么选择耐寒的品种就很重要。不同品种的李树对土壤的要求也不同。确认庭院土壤类型，选择适合种植的品种。不同品种的李成熟时间不同，可以根据需求选择早熟、中熟或晚熟品种。如果是为了观赏，可选择树形优美、开花丰富的品种；如果是为了食用，应选择果实品质高的品种。

苗木可自行育苗或者选择成品苗。自行育苗生长时间比较长，裸根苗选择时需观察是否具有完整、强壮的根系，选择带土大苗或营养袋大苗时要注意有没有携带病虫害。建议在正规苗木销售商处购买，能保证栽植苗木的品质，提高栽植成活率。

李为异花授粉树种，庭院通风相对较差，李自花结实率很低。

为保证庭院李丰产、稳产，可在春、秋两季嫁接时期，采取高接的办法，每个主栽品种树上嫁接3～4个授粉品种树枝条。

二、栽植

在种植李树之前，需要选定一个适宜的位置，然后根据位置选择相应大小的健壮苗木，栽植的位置尽量选择能充分接受阳光照射处，这不仅有利于苗木成活，还能保证树体正常生长。

春季是李树定植的最佳季节，无论是温度还是气候都比较有利于李树成活以及根系的萌发和植株的生长，栽植树体成活率高，具体以3月中下旬栽植为宜。

庭院李

庭院李

栽前根据庭院面积确定株、行距，一般行距4～5m、株距2.5～4m。在李树栽植之前，首先在院落里挑选好的位置，挖出一个深度为60～80cm、直径为1m左右的土穴，将挖出的土与有机肥、饼肥、菌渣等农家肥充分拌匀，肥料与土壤的比例约为1∶1。在土穴中放入20cm厚的混合土，然后将李树苗放进土穴中，扶正后将混合土回填，并用双脚踏实，土壤以高出地面10～20cm为宜。栽植完成后进行充分浇灌。

三、水分管理

庭院种植李树时，合理的肥水管理是至关重要的，可以帮助树体健康成长，并且生产出高质量的果实。

浇水应根据土壤类型、季节和降雨情况来调整。通常情况下，李树在生长旺盛期需要更多的水分。新栽植的李树在最初几年内需要保持土壤持续湿润，以便根系良好生长。在干旱季节，可能需要增加浇水的频率和浇水量，但要避免水分过多，以免引起根部腐烂。保持良好的土壤排水性能，避免积水。萌芽前及果实膨大期各灌水1次，能促使树体发育和保花、保果。具体方法是围绕树干挖圆盘状沟，将水灌到盘内。

四、施肥管理

李树需要充足的氮肥来支持其生长，但也不能过量，以免引发病虫害和降低果实品质。有机肥（如堆肥和农家肥）可以改善土壤结构，增加土壤肥力，同时提供多种营养元素。每年早春，在新芽萌发前施用一次缓释型复合肥，可以帮助植株恢复活力，促进春季生长。

开花和结果期，可以追施磷、钾肥以促进花果的形成和成熟。根据需要年施肥3次左右。秋季施足基肥，结果大树每株施农家肥30kg、化肥0.5～1kg，采用放射状施肥法。幼树施肥量应减少1/3。春季施好芽前肥，萌芽前每株施入人粪尿5～10kg、尿素0.2kg。果实膨大期适当追肥，结合喷药，叶面喷施0.1%磷酸二氢钾。

施肥时要避免在树木的根系范围内进行深耕，以免损伤根部。可以在树木周围铺设一层有机覆盖物（如树皮碎片或木屑）以保持土壤湿度和防止杂草生长，同时还能提供养分。

五、整形修剪

李树树姿开张、树体矮小，萌芽力、发枝力都比较强。庭院种植李树适于采用自然开心形和延迟开心形两种整形方法，树冠小，外形美观，通风透光好，潜伏芽萌发力较强。李树的长果枝、中果枝、短果枝和花束状结果枝均能结果。

李幼龄树时期，应尽快让树冠内部的中短果枝和花束状结果枝多结果，疏掉过密的枝条和弱枝。栽植后，定干高度40cm。当年冬剪时，在主干距地面15cm以上部位选留4～5个分布均匀的枝条作为主枝，疏去其余全部枝条。轻剪主枝，剪掉枝条的1/5。为开大主枝角度，主枝的剪口芽一律留外芽进行修剪。第2年根据主枝的间隔，在每个主枝上选留2～3个二级主枝，其剪留长度为40cm左右。因矮化李定植2年就开始见果，故此时应缓放下部辅养枝，以促使其提早多结果，对主枝上所生长的小枝应全部保留，以培养成短果枝和花束状果枝。

李树进入盛果期后，修剪时要做到主次分明，适当剪去部分结果枝，促进结果枝更新，除此之外还应疏去外围过密的新梢，利于膛内通风透光，反过来促进养分积累。对过密的交叉枝、下垂枝要从基部疏掉，起到抑前促后作用。回缩膛内的衰老结果枝组，使膛内结果枝大量分化花芽，开花结果。长放2年生结果枝，促其多结果，待结果后再及时回缩，以免树的下部光秃。同时，对长果枝剪截程度应轻，对中果枝、短果枝应采用短截和疏剪，以控制营养生长为主，增加结果量，达到丰产。

六、病虫害防治

李树在管理条件差的情况下易感染病虫害。轻者影响树体发育，果实品质差，产量低；重者造成树体衰弱，寿命短，果实不能食用。主要病虫害及防治方法如下。

1.食心虫

食心虫是危害李果实最严重的害虫之一。被害果实常在虫孔处流出泪珠状果胶，不能继续正常发育，渐渐变成紫红色而脱落。因其虫道内积满了红色虫粪，故又形象地称之为"豆沙馅"。

防治方法：①冬季清园。冬季深翻土壤10cm，减少越冬虫蛹，还须清除病枝、败叶，刮掉粗皮，将其带离院子焚烧。树干和地面都要用石硫合剂进行喷洒，杀灭树缝和土壤中的虫卵。②培土压茧。在李树开花前，可以在树干周围60～70cm处培土10cm，且踩实压紧，使羽化的成虫钻不出土层窒息而死，然后再结合松土除草将培土撤除。③化学防治。越冬幼虫羽化前或第一代幼虫脱果前，在树冠下地面喷洒50%辛硫磷乳油300～500倍液。当落花量达到约95%且幼果刚开始生长时，食心虫开始产卵，此时是进行树上防治的关键时期，可以喷洒0.8%阿维菌素3 000～4 000倍液或2.5%溴氰菊酯乳油3 000～4 000倍液进行防治。

2. 蚜虫

蚜虫主要危害李树新梢、叶片。新梢被害严重时呈卷曲状，生长不良，影响光合作用，以致脱落，影响产量及花芽形成，并大大削弱树势。

防治方法：①早春结合修剪，剪去被害枝条，集中销毁。②在危害盛期可喷50%吡虫啉可湿性粉剂或3%啶虫脒乳油1 500乳液，并搭配中性洗衣液增强附着力。③合理保护或引放天敌。

3. 流胶病

流胶病是近年来李树发生较为严重的病害之一，主要危害李树枝条，影响树势，重者部分枝条干枯乃至全株枯死。此病周年均有发生，尤以高温多雨季节多见。

防治方法：①及时清园、松土培肥，挖通排水沟，防止土壤积水；增施富含有机质的粪肥或麸肥及磷、钾肥，保持土壤疏松，以利根系生长，增强树势，减少发病。②及时防治天牛等蛀干害虫，消除发病诱因。③5—6月可用12.5%烯唑醇可湿性粉剂2 000～2 500倍液，或25%溴菌腈可湿性粉剂500倍液喷施，每隔15d喷1次，连喷3～4次，施药时，药液要全面覆盖枝、干、叶片和果实，直至湿透。④合理修剪，切不可修剪过重。李树修剪时注意不要损伤树干皮层。在干旱高温季节及时灌水，也能有效预防该病的发生危害。

七、果实采收

采收李子时，应仔细观察李子的颜色和硬度，只有完全成熟的李子才能采摘。未成熟的果实口感和甜度通常不佳。

采收的时间最好在早晨，露水干后进行，此时果实中的糖分浓度高，口味较好。采摘前后都应保持双手清洁，避免将病菌传播到果实上，影响品质。避免用力挤压果实，以防止造成瘀伤。如果果实难以手摘，可以使用合适的采摘工具，比如采果剪或长杆采果器，但要小心使用，避免损伤果实或树枝。

由于李子较为娇嫩，抗压能力较弱，因此在采摘、贮存和运输过程中都需要特别注意轻放，避免果实相互挤压。

采收应注意保护树木的生长点和未成熟的果实，避免在采摘过程中损坏树枝或树干。

八、越冬保护

李树比较耐寒，但在一些气候较为严寒的地区，冬季仍然需要采取一些措施来保护，特别是对于刚栽植或者种植年限短的李树。

1. 水分管理

在初冬之前给李树浇深水一次，这有助于树木抵御即将到来的严寒。保持土壤湿润，但避免过度浇水，因为过多的水分可能在冻结时对根系造成伤害。

2. 土壤覆盖

在树木底部铺上一层保护性的覆盖物，如秸秆、树叶、稻草或木屑，有助于隔绝寒冷，保护根系。覆盖物的厚度一般为几厘米到十几厘米不等，根据当地气候条件确定。

3. 风害保护

如果庭院在风口，可以通过建立风障，如树篱或其他屏障来减少风害。对于新栽植或幼龄的李树，可以围绕树干设置木桩或绑上绳子，以增强其抗风稳定性。

4. 树干保护

在树干周围缠绕草绳或使用专门的树皮保护网，可以防止冻伤以及小动物（如兔子）对树干的啃咬。对于某些地区，可以通过涂白或使用防护材料进行防冻。

5. 施肥

在冬季之前减少氮肥的使用，以防止新生嫩枝在寒冷季节受到冻害。

6. 修剪

适当修剪可以去除病虫枝条，降低因积雪造成的枝条折断风险，但要注意不要在冬季进行大面积修剪，因为伤口需要时间愈合，过度修剪可能会增加植株受冻害的风险。

7. 检查与调整

定期检查覆盖物和保护设施的情况，确保整个冬季期间都能正常发挥作用，并根据天气变化和树木状况灵活调整各种保护措施。

第七节　庭院梨种植和养护技术

梨在中国文化中富含深远的内涵，被视为"百果之宗"，深受文人墨客的喜爱，并被视作吉祥之物。梨花的洁白无瑕、梨果的甘甜可口、梨树的浩然浑厚、梨木的经典高贵，使梨具有很好的观赏、食用和美学价值。以梨衍生出的文化活动及丰富的食品，更是极大地丰富了人们的物质与精神生活。在庭院里种植梨树，春赏花、夏品果、秋观叶、冬看树，使生活环境更加美丽。下面介绍梨庭院种植及养护技术。

一、品种选择

梨的种类和品种很多，在庭院种植时，需要综合考虑以下几点：

1. 生长环境

不同的梨树品种对生长环境有不同的要求，例如温度、光照、水分等。因此，需要根据庭院的地理环境和气候条件选择适合的品种。种植位置一般在庭院偏僻边角向阳通风处，不单独种植。

2. 用途

如果想收获丰满、口感甜美的果实，可以选择一些早熟或晚熟的品种；如果更注重梨树的美观价值，可以选择一些具有观赏性的品种。

3. 抗病性

选择抗病性强的品种可以减小管理难度，降低病虫害发生的可能性。

4. 适应性

适应性强的品种能够在不同的土壤和气候条件下良好生长。

根据以上几点，适合庭院种植的梨品种有鸭梨、蜜梨、黄花、翠冠、翠玉等。

二、栽植改土

种植前挖好种植穴（坑），定植穴宽×深以1m×0.8m为宜，分层填埋腐熟秸秆、农家肥等有机肥25kg左右。定植穴用表土或其他肥土加入0.5kg钙、镁、磷肥，与土充分混合，回填至距地表15cm，然后再用细熟土回填至与地表齐平。

三、定植

落叶后至萌芽前种植，即11月中旬至翌年2月下旬，以冬季种植为宜，选择苗粗0.6cm以上、苗高60cm以上、壮芽4个以上、侧根长度≥15cm、根系较发达、无检疫性病虫的健康苗木。栽种时，先在定植墩中心挖一个小穴，再把苗木垂直放在小穴内，将根系自然展开，然后用细土填入根间，使苗木嫁接口略高出土

庭院梨

面。注意嫁接口必须要露在土表以上，不能埋在土下。栽种后及时浇水并定干，定干高度60～70cm。种植后即用木棍搭三角形支架固定树体，防止因风吹使根系受伤甚至树体倒伏。种植后1周内遇晴天每天淋水1次，以后每隔3～5d淋水1次，直至成活为止。

四、水分管理

在萌芽期及开花期（3月）和果实膨大期（5—7月）发生干旱应及时灌溉。春夏两季、夏秋台风季节、遇暴雨和采收前20d，应注意排水。连续高温天晴7d以上、伏旱、秋旱与冬旱及寒潮来临前应进行适当灌水。果实采收前多雨的地区还可通过地膜覆盖树盘，降低土壤含水量，防止烂果、裂果。

五、施肥管理

幼龄树在3月至8月中旬追肥，每月施1次1%～1.5%尿素等肥料，11月上旬施越冬肥。

结果树1年施肥2～3次，即花前肥0.5kg复合肥、壮果肥0.5～0.75kg复合肥，采后肥施用以菜籽饼为主的有机肥10～20kg。

施肥时在树冠滴水线处挖环状沟或挖放射状沟，沟深30～50cm。做到化肥湿施，有机肥和磷肥深施，施肥后立即覆土。

根据树体长势，选阴天、傍晚对树冠喷施叶面肥。浓度为：尿素0.3%、磷酸二氢钾0.2%～0.3%、硼砂0.2%～0.3%。在蕾期、幼果期、果实膨大期和采后恢复期各喷1次。

六、修剪管理

梨树修剪应围绕平衡其营养生长和生殖生长进行，一般采用自然开心形进行整形修剪。干高控制在40～60cm，主枝2～3个，分布均匀，开展角度45°～60°，每个主枝的两侧培养1个副主枝或1个侧枝，间距40cm，相邻侧枝朝向相反，同侧侧枝间距70～80cm。主枝、侧枝上培养结果枝组，要求分布均匀。树冠高度低于2.5m。第一年培养好1个主干、3个主枝，第二年培养好副主枝和侧枝，每个主枝培养1～2个副主枝或侧枝，第三年培养好分布合理的结果枝组，第四年使枝梢分布均匀，通风透光，生长健壮，任其结果并促发二次新梢。盛果期保持生长结果相对平衡，树高控制在2.0～2.5m之间。

冬季修剪时，幼龄树确定主枝数与方向，新梢在10～15cm处进行短截，其他生产枝在5～10cm处短截，截至枝条上端芽饱满为止。初结果树以轻修剪为宜，适当删密留疏。保持侧枝均匀，对徒长枝和直立枝从基部剪除，有空当的徒长枝可行短截填补空缺。多花树要重剪细剪，疏除与短截相结合，少花树则应轻剪，疏除部分密生枝和细弱枝。剪除枯枝、病虫枝、交叉枝。徒长枝从基部剪除，在树冠中下部较空虚时，可适当短截，作为更新枝以填补空缺。对郁蔽严重树及老树进行更新修剪。回缩时对侧枝、副主枝进行更新或全部更新树冠，促发新结果枝群，结果枝应回缩修剪，树更新后萌发的新梢及时删密留疏。修剪时应先大枝后小枝，先上后下，先内后外；剪口要平整，不留短桩，锯口要用凿子或刀子削平，大剪口应涂保护剂。

夏季修剪时以摘心或扭枝为主。幼龄树新梢抽发后，应及时摘心。幼龄树生长期拉枝，使树冠主枝形成45°角，营养枝留60～80cm长摘心，结果枝上新梢留5～7片叶摘心或扭枝。成年结果树6月去掉树冠中下部抽发的直立旺枝。

七、花果管理

梨属于异花授粉、异花结实的树种，当授粉品种花量少、授粉品种不足或配置不合理，花期天气不良时，坐果率低。一般庭院单独种一棵梨树坐果差，需要配授粉树或人工授粉。

梨不同品种间授粉亲和力也有不同，最好选用亲和力高的品种的花粉进行授粉。授粉树较少或当年授粉树开花较少时，在开花初期剪取授粉品种的花枝，插在水瓶中挂在需要授粉的树上，依靠水瓶中的水分，可保证花枝在梨树花期内开花散粉，起到授粉的效果。

梨要适当疏果以保证果实品质。谢花后15d开始疏果，留大果，疏小果；留好果，疏病虫果、畸形果；留边果，疏中心果；留靠近骨干枝的果，疏去远离骨干枝的果。按1个花序留1～2果。

套袋可保障果实有较高的外观品质。一般在疏果、定果后的4月下旬至5月中旬进行，套袋前1～3d全面防治梨幼果期病虫害。

八、常见病虫害及管理技术

按照"预防为主，综合防治"的植保方针。以植物检疫、农业防治、物理防治为基础，提倡生物防治，科学使用化学农药，有效控制病虫危害，保障梨质量安全，保护生态环境。实施修剪、翻土、排水、控梢和春季清园等农业措施，减少病虫源，加强栽培管理，增强树势，提高树体自身抗病虫能力。

选用优质无病毒苗木栽植，不与其他品种果树如桃以及和梨为共同寄主的植物如松柏混栽；加强栽培管理，增强树势，保持果园通风透光，提高抗病虫能力；加强冬、春季清园，减少越冬病虫源。根据梨树害虫的发生及生物学特性，采取糖醋液、树干缠草绳和诱虫灯、诱虫黄板等方法诱杀害虫。有限制地选择高效、低毒、低残留的农药，交替轮换使用，农药的使用次数、使用方法和安全间隔期应按GB/T 8321.10—2018的要求执行。农药使用按NY/T 1276—2007执行。

对梨主要虫害防治，建议在适宜时期施药。病害防治多在发病初期进行，严格控制安全间隔期、施药量和施药次数，注意不同作用机理的农药交替使用和合理混用，避免产生抗药性，梨主要病虫害化学防治方法见表2。

表2　梨主要病虫害化学防治方法

病虫害名称	防治适期	化学防治方法（任选一种农药）	每年最多使用次数	安全间隔期（d）
梨锈病	谢花末期、幼果期	20%三唑酮可湿性粉剂1 500倍液	2	21
		12.5%烯唑醇可湿性粉剂3 000倍液	3	21
梨轮纹病	梨树发芽前、谢花后	70%甲基硫菌灵可湿性粉剂800倍液	3	7
		10%苯醚甲环唑水分散剂3 000倍液	3	14
梨黑星病	萌芽前、谢花后、幼果套袋前	40%腈菌唑可湿性粉剂8 000倍液	3	7
		40%氟硅唑乳油8 000倍液	2	21
梨黑斑病	萌芽前、谢花后、梅雨期结束前	80%代森锰锌可湿性粉剂800倍液	3	28
		75%百菌清可湿性粉剂600倍液	3	10
梨小食心虫	新梢生长期、果实发育期	2.5%氯氟氰菊酯乳油2 000倍液	1	28
		5%高效氯氰菊酯乳油2 000倍液	2	21
梨二叉蚜	卵孵化盛期、新梢有蚜率达10%时	10%吡虫啉可湿性粉剂2 000倍液	2	14
		20%啶虫脒乳油2 000倍液	1	30
刺蛾	越冬期、幼龄虫期、采果前1个月	5%高效氯氰菊酯乳油2 000倍液	3	7
梨网蝽	采果后	5%高效氯氰菊酯乳油3 000倍液	3	7
梨木虱	越冬成虫出蛰盛期、第一代幼虫发生期	1.8%阿维菌素乳油2 000倍液	3	14
		10%吡虫啉可湿性粉剂2 000倍液	2	14
梨花瘿蚊	花芽鳞片松动露白期、2月上中旬	2.5%氯氟氰菊酯乳油4 000倍液	4	7
		40%啶虫脒可溶性粉剂5 000倍液	2	21

（续）

病虫害名称	防治适期	化学防治方法（任选一种农药）	每年最多使用次数	安全间隔期（d）
梨叶瘿蚊	谢花期、新梢生长期	5.7%氟氯氰菊酯乳油1 500倍液	3	21
梨红蜘蛛	采果后、叶片虫口达3头以上时	15%哒螨灵乳油2 000倍液	1	5
		1.8%阿维菌素乳油3 000倍液	3	14

注：所有农药的施用方法及使用浓度均按国家规定执行。

九、果实采收

根据果皮颜色、果实内种子的颜色、果柄与果枝的脱离难易程度及香气判断成熟度。用于贮藏、运输的果实要适当早采，套袋果比不套袋果迟4～7d采摘。果实采收选晴好天气，注意下雨天和晴天露水未干时不能采果。采果按先下后上、由外向内的顺序进行。用圆头果剪采果，要求一果两剪，果蒂平齐。果实轻采轻放，要保持果梗完整或剪平，套袋果连同果袋一起采下，采收人员应剪平指甲，不攀枝拉果，切忌伤果。

十、灾害性天气防范与灾后管理

影响梨生产的灾害性天气主要是花期霜冻。可采用主干大枝涂白，地面覆盖防冻。冻害来临前适当灌透水，保持土壤含水量。寒潮来临前关注天气预报，气温低于－5℃，提早熏烟，防止冷空气下沉。以此来预防花期倒春寒造成的霜冻。

台风对梨生产也有一定影响。南方沿海地区容易有台风，在周边搭建防风网，降低风速。台风过后，及时扶正树体，同时剪除折断的枝梢或疏除果实。排除积水，防止淹水造成霉根。雨后立即喷布0.5%～0.7%等量式波尔多液或70%代森锰锌600倍液等防病。

第八节　庭院猕猴桃种植和养护技术

猕猴桃是一种高营养水果，除含有猕猴桃碱、蛋白水解酶、单宁果胶和糖类等有机物，以及钙、钾、硒、锌、锗等微量元素和人体所需17种氨基酸外，还含有10.2%～17%可溶性固形物，其中糖类占70%，含酸量1.69%。猕猴桃以维生素C与微量元素硒的高含量闻名于世，其鲜果的维生素C含量每100g果肉为105.8mg，微量元素硒含量每100g果肉为2.98mg，比柑橘、苹果等水果高几倍甚至几十倍，被称为"百果之王"。

猕猴桃至少在1200年前就已经被引种到庭院当中并不断发掘其价值。除了食用、观赏，也可以在乡村庭院经济发展中起到积极作用。下面介绍猕猴桃庭院种植及养护技术。

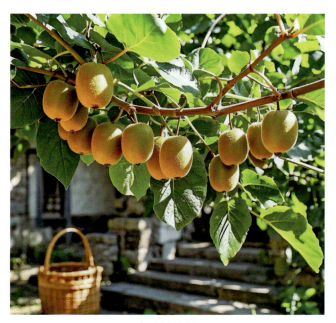

庭院猕猴桃

一、品种选择

猕猴桃品种很多，在庭院种植时，需要根据当地气候条件和庭院方位等综合考虑。猕猴桃根系肉质化，特别脆弱，既怕渍水，又怕高温干旱，新梢既怕强风，又怕倒春寒或低温冻害。因此种植位置要排灌通畅、阴凉挡风。作为藤蔓果树，需要搭设棚架，牵引猕猴桃上架。

根据以上几点，适合庭院种植的猕猴桃品种有徐香、翠香、红阳、金艳、翠玉等。

二、栽植改土

猕猴桃需要选择土层深厚、土壤肥沃、质地疏松、排水良好的土壤。土壤以轻质壤土为好，这种土壤土层深厚，透水性、通气性良好，腐殖质含量高。pH以中性偏酸为宜。pH大于7.5的地方不宜种，南方pH在5.5以下的也不宜种植。

挖穴时间要提前，有改良土壤的作用。秋季栽树，夏季挖好穴，使土壤暴晒后变松；春季栽树上年冬季挖好穴，冬季寒冷，可冻松土壤，冻死害虫。要求挖80cm见方的大坑，挖时表土放一边，底土放另一边。填土时先填表土，后填底土。

三、苗木定植

南方产区最佳定植时期在猕猴桃落叶之后至翌年早春猕猴桃萌芽之前，即12月上旬至翌年2月上中旬，越早越好。选择芽头健壮、根系较发达、无检疫性病虫害的健康苗木。在栽植前，要准备好腐熟有机肥和过磷酸钙，以便栽植时施入。穴施腐熟有机肥25kg，将土和肥混合均匀填入穴内。栽植时将要定植的幼苗放在早已挖好的大穴中央，要左右前后对齐，将苗扶直，须根四周铺开，不要弯曲，先用表土或混合土盖苗木根部，然后将幼树向上提动，使根系舒展，最后将穴填满。注意填土应高于地面，灌透水下陷后和地面平齐，不能低于地面。也可蘸生根粉以促进多发新根。

栽植的深度以保持在苗圃时的土印略高于地面为好，不宜太深。待穴内土壤下沉后大致与地面持平为宜。不要将嫁接部位埋入土中。

栽时再检查一次，不栽病苗、烂根苗、少根苗。栽后要踏实，及时灌透水，灌后土壤下陷时要及时培土。快干裂时，要松土保墒。

四、水分管理

猕猴桃不同生长时期对水分需求不同。

1. 萌芽期

萌芽前后猕猴桃对土壤的含水量要求较高，土壤水分充足时萌芽整齐，枝叶生长旺盛，花器发育良好。这一时期我国南方一般春雨较多，可不灌溉，但北方常多春旱，一般需要灌溉。

2. 花前

花期应控制灌水，以免降低地温，影响花的开放，因此应在花前灌一次水，确保土壤水分供应充足，使猕猴桃花正常开放。

3. 花后

猕猴桃开花坐果后，细胞分裂和扩大旺盛，需要较多水分供应，但灌水不宜过多，以免引起新梢徒长。

4. 果实迅速膨大期

猕猴桃坐果后的2个多月时间内，是猕猴桃果实生长最旺盛的时期，果实的体积和鲜重增加最快，占到最终果实重量的80%左右，这一时期是猕猴桃需水的高峰期，充足的水分供应可以满足果实肥大对水分的需求，同时促进花芽分化良好。根据土壤湿度决定灌水次数，在持续晴天的情况下，每1周左右应灌水1次。

5. 果实缓慢生长期

需水相对较少，但由于此时期气温仍然较高，需要根据土壤湿度和天气状况适当灌水。

6. 果实成熟期

此时期果实生长出现一个小高峰，适量灌水能适当增大果个，同时促进营养积累、转化，但采收前15d左右应停止灌水。

7. 冬季休眠期

休眠期需水量较少，但越冬前灌水有利于根系的营养物质合成转化及植株的安全越冬，一般北方地区施基肥至封冻前应灌一次透水。

我国南方地区雨水较多，且土壤多偏黏，容易出现涝害。需做好排水沟，方便雨季及时排水。

五、施肥管理

猕猴桃施肥的次数和时期因气候、树龄、树势、土质等而异。一般高温多雨或沙质土，肥料易流失，追肥宜少量多次，相反追肥次数可适当减少。幼树追肥次数宜少，随着树龄增长，结果量增多，长势减缓，追肥次数可适当增多。追肥一般分为：

1. 花前肥

猕猴桃萌芽开花需要消耗大量营养物质，但早春土温低，吸收根发生少，吸收能力不强，树体主要消耗体内贮存的养分。此时若树体营养水平低、氮素供应不足，会影响花的发育和坐果质量。花前追肥以氮肥为主，主要补充开花坐果对氮素的需要，对弱树和结果多的大树应加大追肥量，如树势强健，基肥量充足，花前肥也可推迟至花后。施肥量占全年氮肥施用量的10%~20%。

2. 花后肥

落花后幼果生长迅速，新梢和叶片也都在快速生长，需要较多的氮素营养，施肥量约占全年氮肥施用量的10%。花后追肥可与花前追肥互相补充，如花前追肥量大，花后也可不追肥。

3. 果实膨大肥

也称壮果促梢肥，此时期果实迅速膨大，随着新梢的旺盛生长，花芽生理分化同时进行，追肥以氮、磷、钾配合施用，提高光合效率，增加养分积累，促进果实肥大和花芽分化。追肥时间因品种而异，从5月下旬到6月中旬，在疏果结束后进行，施肥量分别占全年氮肥、磷肥、钾肥施用量的20%。

4. 果实生长后期追肥

也称优果肥，这时果实体积已经接近最终大小，果实内的淀粉含量开始下降，可溶性固形物含量升高，果实转入积累营养阶段。此时追肥有利于积累的速效磷、钾肥等营养运输，促进果实品质的提高，大致在果实成熟期前6~7周施用。施肥量分别占全年磷肥、钾肥施用量的20%。

上述4个追肥时期，生产上可根据实际情况酌情增减，但果实膨大期和果实生长后期的追肥对提高产量和果实品质尤为重要，一般均要进行。

幼树追肥时可开挖深约10cm的环状沟，将肥料埋入树冠投影外缘下的土壤中，逐年向外扩展，果园封行后全园施肥后结合中耕将肥料埋入土中。果园实行生草制时，生草带和清耕带均应追肥，清耕带追肥后浅翻。

根外追肥又称叶面喷肥，叶片是制造养分的重要器官。根外追肥简单易行、用肥量小、发挥作用快，且不受养分分配中心的影响，并可避免某些元素在土壤中发生的固定作用。根外追肥时的最适温度为18~25℃，无风或微风，湿度大些为好。高温时喷肥后水分蒸发迅速，肥料溶液很快浓缩，既影响吸收又容易发生药害，因此夏季喷肥的时间最好在下午4时以后或多云天，春、秋季也应在气温不高的上午10时之前或下午3时以后进行。在盛花期和坐果期，用0.3%磷酸二氢钾或0.2%尿素进行根外追肥。

六、整形修剪

庭院猕猴桃以篱架水平整形为主，轻剪缓放，加强生长期的修剪，缓势促花结果。

1. 夏季修剪

一是除萌：即抹除砧木上发出的萌蘖和主干或主蔓基部萌发的徒长枝，除留作预备枝外，其余的一律抹除。二是摘心：即坐果期，春梢已半木质化时，对徒长性结果枝在第10片叶或最后一个果实以上7～8片叶处摘心；春梢营养枝在第15片叶处摘心，如萌发二次梢可留3～4片叶摘心。三是疏枝：即疏除过密、过长而影响果实生长的夏梢和同一叶腋间萌发的两个新梢中的弱枝。四是弯枝：即幼树期对生长过旺的新梢进行曲、扭、拉，控制徒长，并于8月上旬将枝蔓平放，促进花芽分化。

2. 冬季修剪

一是疏枝：即主要疏去生长不充实的徒长枝、过密枝、重叠枝、交叉枝、病虫枝、衰弱的短缩枝、无利用价值的萌蘖枝和无更新能力的结果枝；结果母枝上当年生健壮的营养枝是来年良好的结果母枝，视长势和品种特性留8～12个芽短截，弱枝少留芽，强枝多留芽，极旺枝可在第15节后短截。已结果3年左右的结果母枝，可回缩到结果母枝基部有壮枝、壮芽处，以进行更新。二是结果枝处理：已结果的徒长枝，在结果部位上3～4个芽处短截，长、中果枝可在结果部位上留2～3个芽短截，短果枝一般不剪。留作更新枝的保留5～8个芽短截。

七、花果管理

猕猴桃属于雌雄异株、异花树种，花期特别短，长的年份可以达到1周以上，短的年份只有3～5d。当授粉品种花量少、授粉品种不足或配置不合理，花期天气不良时，坐果率低。一般庭院单独种植坐果差，需要配授粉树或人工授粉，也可利用昆虫授粉。

1. 授粉

一般每个果实内应至少有800～1 000粒种子才可能成为优质果，只有授粉良好的果实才有商品性。可以利用昆虫授粉。花期放置1箱蜜蜂进行授粉，蜂箱应放置在园中向阳的地方。在蜂源缺乏时或连续阴雨蜜蜂活动不旺盛时必须进行人工授粉，方法有对花法和采集花粉法等。

采用对花法时，采集当天早晨刚开放的雄花，花瓣向上放在盘子上，用雄花直接对着刚开花的雌花，用雄花的雄蕊轻轻在雌花柱头上涂抹，每朵雄花可授7～8朵雌花。晴天上午10时以前可采集雄花，10时以后雄花花粉散落，但多云天气时全天均可采集雄花对花。

利用采集花粉法时，将收集的花药用2～3层纱布包好在水中搓洗，将花粉滤出到水中，用喷雾器向正在开放的花喷授。或者购买专用花粉直接喷授。雌花开放后5d之内均可以授粉受精，以花开放后1～2d的授粉效果最好，第4天授粉坐果率显著降低。

2. 疏果

猕猴桃的坐果能力特别强，在正常授粉情况下，95%的花都可以受精坐果。一般果树坐果以后，如果结果过多，营养生长和生殖生长的矛盾尖锐，因此需进行疏果。

疏果应在盛花后2周左右开始，首先疏去授粉受精不良的畸形果、扁平果、伤果、小果、病虫果等，而保留果梗粗壮、发育良好的正常果。根据结果枝的势力调整果实数量，海沃德、秦美等大果型品种生长健壮的长果枝留4～5个果，中庸的结果枝留2～3个果，短果枝留1个果。同时注意控制全树的留果量，成龄树每株留果480～500个。疏除多余果实时应先疏除短小果枝上的果实，保留长果枝和中庸果枝上的果实。经过疏果，使每个果实8—9月平均有4个叶片辅养，即叶果比达到4∶1。

3. 套袋

在猕猴桃栽培中也提倡果实套袋。果实套装对于防止猕猴桃果面污染，降低果实病虫害的感染率，提高果实品质，很有益处。一般套袋果价格高出未套袋果20%～30%。选择黄色纸袋，透气性好，有弹性，防菌、防渗水性好。袋的规范长度为190mm，宽度为140mm，这种果袋适合所有猕猴桃品种。套袋必须在喷药后进行。一般以上午8—12时、下午3—7时套袋为宜，防止太阳暴晒。采果前3～5d，可将果袋去掉。去袋时间不能太早，如去袋太早，果实仍然会受到污染，失去套袋作用。也可以带袋采摘，采后处理时再取掉果袋。

八、常见病虫害及管理技术

目前已发现的猕猴桃病害主要有溃疡病、花腐病、根结线虫病、根腐病、炭疽病、灰霉病、褐斑病等。主要虫害有金龟甲、斑衣蜡蝉、椿象、红蜘蛛、桃蛀螟等。

按照"预防为主，综合防治"的植保方针。以植物检疫、农业防治、物理防治为基础，提倡生物防治，科学使用化学农药，有效控制病虫危害，保障猕猴桃质量安全，保护生态环境。实施修剪、翻土、排水、控梢和春季清园等农业措施，减少病虫源，加强栽培管理，增强树势，提高树体自身抗病虫能力。

九、果实采收

果实可溶性固形物含量达6.5%即可进行采收。果实采收应注意以下事项：为了保证果实采收后的质量，采收前20～25d果园内不能喷洒农药、化肥或其他化学制剂，也不再灌水；采果应选择晴天的早、晚天气凉爽时或多云天气时进行，不能在雨后或有晨露及晴天的中午和午后采果；为了避免采果时造成果实机械损伤，果实采收时，采果人员应剪短指甲，戴软质手套；采果用的木箱、果筐等应铺有柔软的铺垫，如草秸、粗纸等，以免果实撞伤；采果要分级分批进行，先采生长正常的商品果，再采生长正常的小果，对伤果、病虫危害果、日灼果等应分开采收，不要与商品果混淆，先采外部果，后采内部果；采摘后必须在24h内入库；整个操作过程必须轻拿、轻放、轻装、轻卸，以减少果实的刺伤、压伤、撞伤。采收时严格操作，可保证入库存放时间长，软化、烂果少。

十、灾害性天气防范与灾后管理

对猕猴桃有害的自然灾害有大风、暴雨、冰雹、夏季干热风、深秋初冬的急剧大幅度降温和早霜、冬季−5℃以下的长时期持续低温和干冷风、干旱和倒春寒晚霜等。

1. 预防或减轻冻害

目前天气预报的准确度越来越高，对农时的指导性也越来越强。在预报有大幅度降温时，可采取以下措施预防或减轻冻害的发生。树体喷水，缓解局部急剧性降温；利用发烟剂熏烟，但又不起明火，可用于防霜冻；喷用防冻剂，如螯合盐制剂、乳油乳胶制剂、高分子液化可降解塑料制剂和生物制剂；涂白、包裹与埋土，在深秋用石灰水将猕猴桃树干和大枝蔓涂白，或用稻草、麦秸等秸秆将猕猴桃树干包裹好，外包塑料膜，或两者并用，特别要将树的根颈部包严；培土也可以有效防止冻害的发生，定植后不久的幼树可以下架进行埋土防寒；入冬后灌水，水的热容量大，增加土壤中的水分也就增加了土壤中保存的热量，其热量可缓解急剧降温的不良影响。

2. 预防干热风

灾害天气来临前充分补水，根据天气预报，在干热风来临前

l～3d，进行一次猕猴桃园灌水，让树体在干热风到来之际有良好的水分状态，土壤和根系处于良好的供水和吸水状态。有条件的地方，在干热风来临时，对猕猴桃园进行喷水。如果能做到这两点，即可杜绝干热风的危害。

3.防御暴风雨和冰雹

设置防雨棚或防风防雹网。

4.防御日灼

采用大棚架整形的猕猴桃园，一般不会发生果实和枝蔓日灼病，因为果实基本上全在棚架下面。预防猕猴桃日灼病的措施为从幼果期开始，对果实进行套袋遮阴，以降低日灼病的发生率，提高商品果率。

5.防御涝灾

一般情况下，发生水涝时，一定要及时做好排水工作。

第九节　庭院无花果种植和养护技术

无花果是一种开花植物，隶属于桑科榕属，主要生长于热带和温带地区，属亚热带落叶小乔木。无花果目前已知有800多个品种，绝大部分都是常绿品种，只有生长于温带地区的才是落叶品种。无花果果实呈球根状，尾部有一小孔，花粉由黄蜂传播。无花果除鲜食、药用外，还可加工制干，制果脯、果酱、果汁、果茶、果酒、罐头等，无花果干味道浓厚、甘甜，无花果汁具有独特的清香味，生津止渴，老幼皆宜。无花果树枝繁叶茂，树态优雅，具有较好的观赏价值，而且无花果当年栽植当年结果，是良好的园林及庭院绿化观赏树种。

一、品种选择

无花果品种繁多，在庭院栽培中，最好选择品质优、果个大、

庭院无花果

外观美、抗裂果、抗寒、抗病和丰产性强的品种。在果实品质方面，要选择口味纯正、甜度高、无异味、糯性强的品种，如青皮、中华紫果等；在果实大小方面，要注意选择秋果单果重在40 g以上的品种，如青皮等；在果实外观方面，要注意选择果皮颜色艳丽、果面光洁、果肉鲜红、观赏性好的品种，如青皮、华丽美味等；在果目大小方面，果目过大时雨水和昆虫容易进入果实内部，导致果肉腐烂变质，果目小的品种不仅可以提高果实的抗病虫能力，还能增强其耐贮运性能。经过多年种植实践，果树长势良好，果品优良，抗病性好，又适合南方地区种植的无花果品种有青皮、中国紫果、新疆红、波姬红及玛斯义陶芬等。

二、土壤改良

科学整地可以疏松土壤，保墒提温，提高无花果种植成活率，促进无花果生长。因此，无花果进行庭院栽培时，要想获得高产优质，就应改良土壤结构，使土壤疏松、通气、保水，以促进根系发育。土壤改良方法：①深翻。对山丘和黏土区的无花果园，应在初果幼龄期，深翻 2～3 次，深度为 40～50cm，可采取隔行和隔株进行深翻，以熟化根际泥土。②施底肥。定植前每穴可施鸡粪或土杂肥 2～2.5kg，另外可施菇渣 5kg。③中耕除草。因无花果采收时间长，果园遭踏踩次数多，土壤容易板结，从而损坏根际的土壤结构。要依据土壤类型，加强中耕松土，并进行除草。

三、定植

根据无花果的生长习性，结合南方气候特征，一般定植时间选在清明前后较为适宜，此时的南方地区正值春暖花开的季节，特别适合无花果生长发芽，移植成活率较高，也可在秋季落叶后移栽定植。种植时，将苗干根基部放在定植穴的定植点位置，将苗扶正，前后左右对齐，使根系舒展，然后从穴周边其他地方取表土填到根际周围，边填土边提苗，层层踏实，使根与土密切接触。填土完毕，在树苗周围整理出直径 80cm 的树盘，灌透水，水渗下后在穴面上盖一层松土，覆上地膜或培土，以防水分蒸发。栽植深度，扦插苗以原土痕与地表平或略低于地表 5～10cm 为准，自根苗根层浅，根系的主要散布区在地下 30～40cm，种植深度以 30～40cm 为宜。干旱地适当深栽，但尽量不要栽植过深，虽然深栽有利于成活，但浅栽成活后生长更快。无花果栽前未定干的，栽后立即在饱满芽上方剪截定干，定干高度视整形方式而异，一般 20～40cm。

四、水分管理

无花果不适宜勤浇水，春天定植好树苗后浇 1 次透水即可，保持树下土壤湿润。春季萌芽前灌溉 1 次，能促进春季生长，促进叶面肥大，可延迟花期，减轻倒春寒的危害。春季要对全园进行松土，提高土壤通透性及地温。因无花果较耐旱不耐涝，新梢生长及果实膨大期需水量较大，但长期在受渍的环境下，易造成落花、落果、落叶，甚至死亡，因此要注意做好排水。

五、施肥管理

无花果树生长快，结果量大并且结果周期长，其新梢生长、花芽分化及果实发育同时进行，对营养的需求比较集中。无花果耐瘠薄，但产量的形成与物质供给是息息相关的，为了提高产量，要适时供给肥料，保障养分供给。肥料管理措施：一是秋施基肥，基肥对无花果树的生长十分重要，在每年果树落叶后施用，一般在12月中旬前完成，以腐熟的畜禽厩肥、堆肥、油渣饼肥等有机肥为主，配施复合肥；二是追肥，以氮、磷、钙、钾肥为主，根据生长期不同选择不同元素的肥料，但不宜过量施入氮肥，以免枝条徒长；三是喷施叶面肥，叶面肥营养全面、吸收快、转化率高，可以有效提高果树的酶活性和叶片的光合效率，能够增强树势，提高果实的产量和品质，是根外施肥的重要措施。也可以根据树体的大小，每年应在采果后、春季萌芽前及果实膨大期各施1次肥，以保证营养的需求。根据树体大小，采果后应以有机肥和迟效性的磷、钾肥为主，株施有机肥0.5～5.0kg、磷酸二铵0.1～0.5kg、硫酸钾0.1～0.5kg；春季萌芽前以施用高氮型复合肥为主，株施0.2～2.5kg；果实膨大期施低氮高磷中钾型复合肥，株施0.2～2.5kg。

六、修剪管理

庭院栽植的无花果树高和冠幅宜控制在3.0m以内，以免造成庭院空间拥挤而影响居民活动。即使是庭院空间较大时，树高也不要超过3.5m，冠幅也要控制在3.5m以内，以免影响庭院通风透光和造成农事操作困难。无花果树修剪方式主要有短截、疏枝和抹芽等，但不宜大量短截。修剪包括夏季修剪和冬季修剪。夏季修剪主要将果树上的长枝、密枝、重枝剪掉，以增强冠内通风透光性，提高果实产量和品质。冬季修剪主要将果树上的病枝、虫枝、枯枝剪掉，使树体保持健康。

七、常见病虫害及管理技术

无花果树的叶片及果实中含有大量的蛋白酶，可以有效降低咀嚼式口器害虫的危害，且果树上散发的特殊气味可有效驱避部分害虫，因此无花果树的虫害相对较少，庭院种植时相对容易管理。无花果病害以疫病、炭疽病和锈病较常见。病害防治方法：及时绑梢防止枝条下垂；合理整形修剪，地膜或地布覆盖隔离土壤中病菌；6月喷施1∶2∶200波尔多液或代森锰锌600～800倍液，露地栽培的雨后及时喷66.7%氟菌·霜霉威或60%精甲霜灵·烯酰吗啉防治疫病；保持土壤疏松通气，通风透光良好，生长季节及时剪除病果、病叶，拾净落地病果集中销毁；春季萌芽前，石硫合剂喷洒消毒防治炭疽病；加强树体管理，摘除病叶并集中处理，用硫黄400倍液或石灰倍量式波尔多液，或20%烯肟·戊唑醇或48%苯甲·嘧菌酯喷雾防治锈病。

无花果虫害以桑天牛、草履蚧为主。在春季2月中旬草履蚧出土上树前树干绑扎粘虫胶或塑料膜进行阻杀；在夏季桑天牛成虫羽化后补充营养时捕捉成虫，或用铁丝捅杀产卵刻槽内未孵化的卵，或向枝干蛀孔内插入毒签杀死枝干内的幼虫，通过上述方法可以降低桑天牛的发生。

八、果实采收

无花果结实性好，结果期母株除了徒长枝外，几乎所有新梢都能成为结果枝，且能一叶一果。所以随着新梢的生长，陆续结果，果实在夏、秋季节渐次成熟，从7月中旬开始到11月宜分批采收。无花果采摘一般宜在晴天早晨或傍晚进行，已成熟的果实顶端有一小孔微开，外皮上网纹明显，手感软而不绵，采收时戴上胶手套，用手掌将果实托住并以手指轻压果柄折断取下，动作要轻柔，以免弄伤果皮。过熟的果实采后不耐贮藏，一般八九成熟即为采收适期。在立秋后，最好把无花果长出的幼果全部摘去。因为此时所结的果实较难成熟，会消耗植株养分，对翌年生长造成影响。

九、科学防冻

无花果抗寒能力较弱，庭院栽植的无花果树虽然冬季发生冻害的概率较低，但冬季也要对无花果树体进行防冻处理。容易发生冻害的地区可采取以下措施：①通过减施氮肥，增施有机肥，全园冬灌，树干涂白等措施来增强树体自身的抗冻能力；②在冻害来临前，通过在果树基部壅土，树体用稻草包裹，盖防寒布等措施，提高根系及树干周围的温度，降低低温冻害对树体的影响；③使用保护性防冻药剂，如碧护、快活林，采收后、落叶前和低温寒潮来临前3～5d施用，此类药剂不仅能够防冻，还有利于冻后树势的恢复。

第十节　庭院枣种植和养护技术

枣为鼠李科枣属植物，落叶小乔木，稀灌木。枣原产于中国，栽培历史悠久，枣果营养丰富，经济价值很高，自古被视为珍贵的滋补品和重要的中药材，民间流传"一日吃三枣，一辈不显老"。枣含有丰富的维生素，被誉为"天然维生素丸"。枣果除鲜食、制干、药用外，还可加工成蜜饯果品、醉枣、枣泥、枣酱、枣粉、枣饴糖、枣糕、枣酒和枣红素等各种制品，用途广泛。枣树耐干旱、瘠薄，对肥水要求不高，其树冠高大，遮阴效果好，管理技术简单，是庭院栽培的最佳果树之一。庭院零星种植枣树，是全国各地庭院枣树种植的普遍模式，这种种植方式能够充分利用庭院，也可以收获一部分枣果，丰富群众的生活，还能起到绿化作用。

庭院枣

一、品种选择

枣品种不同，其果实形状、大小、品质和产量等差异较大。庭院种植果树与生产栽培不同，那么如何选择适庭院栽植的枣品种呢？笔者认为要做到好吃、好看、好玩、好种。好吃：现在城乡人民的收入都提高了，人们的口味和消费品位也得到相应的提高。作为庭院栽植的枣树，首先要选择鲜食枣品种，其次是鲜食与制干兼用型枣品种。好看：要满足果面光洁，果形端正，果个整齐，果色鲜亮，果肉细腻且有美感。好玩：可根据需要选择果形奇特，枝干特异的果树品种进行种植。好种：品种的种植技术相对简单，栽培时不需要太多的投资、太难的技术。根据以上种植原则，庭院种植可选择冬枣、梨枣、金丝小枣以及中秋酥脆枣等。

二、土壤改良

土壤改良的作用是优化土壤理化性质，确保土壤环境能够满足枣树生长发育，保证枣树根系苗壮生长。栽植前挖 $1m^2$ 左右的树穴，底部填入20cm厚的作物秸秆，填土20cm左右，再施入30kg以上的腐熟有机肥，随后撒入厚5cm左右的表土，用铁锹将肥土充分混合，填入10cm左右的土壤后，将苗木放入栽植穴中，保持根系舒展，回填底层土至苗木根颈部原先的土痕，浇透水沉实，最后将剩余的土壤填到苗干附近，保持苗干上原土痕不被掩盖，防止造成"闷苗"，同时在苗干周围用余土围制1个直径1m左右的锅底状圆圈，全部覆盖黑色地膜，以增温保湿，提高成活率和促进苗木快速生长。

三、定植

枣春、秋两季均可栽植。秋季栽植时间以落叶后（即寒露至立冬前）为宜，春季则以刚发芽时栽植最好。定植时栽植穴要求80cm深、100cm宽，建议选择根系发达、主干直径大于0.8cm的健壮树苗，在苗木定植时施足基肥有利于提高枣树根部的肥力，并加速土壤的物理风化。要注意苗木不要栽植过深，一般要求根颈（苗木在苗圃地上与地下交界处）低于培土面2cm为宜，尽量避开雨天栽苗，苗木要栽紧栽正，根系不能直接接触肥料，必须离肥料层有15cm的净土层。定植后第1年管理是保证定植成活的关键。定植后要浇足定根水，以后要保持树盘疏松湿润，防旱防涝。当年夏、秋高温干旱季节注意浇水防旱并结合树盘覆盖保水。

四、水分管理

枣树灌水主要分为4次。一是催芽水，二是开花水，三是促果水，四是封冻水，这4次灌水都与施肥相结合进行。同时庭院种植若遇到持续干旱，要及时进行补水，遇到连续降雨，发现庭院内有积水，要及时通过沟渠进行排水，以免造成枣树涝害，影响正常生长。

五、施肥管理

基肥在采果后施入，以厩肥、堆肥为主，配合适量化肥。可用沟施、环状沟施或放射状沟施。枣树丰产施肥量：每1kg鲜果纯氮0.015kg、磷0.01kg、钾0.013～0.02kg，一般株产1kg鲜枣，可施入有机肥1～1.5kg。追肥应以氮肥为主，适当施磷、钾肥效果明显。施肥应掌握4个关键时期，即开花前、开甲后、幼果期、果实增重期，前2次追肥主要是促进新梢生长，提高坐果率，故应多施一些氮肥。后2次追肥主要是促进果实迅速膨大和重量的增加，提高含糖量，应着重施一些磷、钾肥。此外，在开花期叶面喷肥效果良好，也可喷布含硼、锰、锌以及铁等元素的肥料，均有明显增产作用。

六、修剪管理

整形修剪是密植枣园生产的关键技术，主要目的是维持树势平衡，保持树冠通风透光，使枝条分布均匀，并有计划地对结果枝进行更新复壮，保持树体年年丰产。只有采用合理的树形和修剪方法，才能实现枣树的年年丰产。对枣树进行合理修剪在一定程度上有利于减少病虫害的发生。对于幼树来说，要通过对骨干枝、结果枝与辅养枝的修剪来达到培养树形的作用。对于结果树来说，要着重修剪徒长枝、竞争枝，并且回缩延长枝。对于老树来说，要注重疏截结果枝组、回缩骨干枝、停甲养树、调整新枝及刮树皮、树干涂白等工作。

七、常见病虫害及管理技术

枣树常见的病虫害主要有桃小食心虫、红蜘蛛、绿盲蝽、枣瘿蚊、枣锈病、枣缩果病等。为了确保枣丰产，必须加强对病虫害的防治。绿盲蝽白天隐蔽，夜晚上树危害，可在傍晚时对枣树及树下杂草进行喷药，效果良好，药剂可选用毒死蜱。桃小食心虫以幼虫蛀果危害，幼虫在果核周围危害，对桃小食心虫可用16%毒死蜱2kg或48%辛硫磷乳油500g与细土15～25kg混合，均匀撒施在树干周围的地面上，进行地表防治，也可在幼虫初孵期喷施20%杀灭菊酯乳油2 000倍液进行防治。红蜘蛛危害叶片，使叶片黄化脱落，可用25%阿维·乙螨唑悬浮剂10 000～12 000倍液喷雾防治。

枣树病害主要有枣疯病和枣锈病。发现枣疯病病株时及时铲除烧毁，冬季清园，割除杂草，减少叶蝉越冬。在7月上旬喷布1:2:200的波尔多液，隔20d再喷第2次，或喷布50%多菌灵800倍液，可以控制枣锈病的发生。

八、果实采收

枣的成熟期按果皮颜色及果肉质地的变化可分为白熟、脆熟、完熟3个时期。白熟期的特点是枣果大小、形状已基本固定，皮绿色，果实硬度大，果汁少，味略甜；脆熟期的特点是果实半红至全红，果肉绿白色或乳白色，质脆汁少，甜味浓；完熟期的特点是果肉变软，果皮深红，微皱，用手易将果掰开，味甘甜。庭院枣树的采摘方法主要分为两种：手摘法和打落法。前者适用于较低矮的枣树，可根据需要准确采收合乎要求的果实，工作质量高，但工效低，人工采摘时每个枣上都要带有果柄，摘取与放置时应当轻拿轻放；后者适用于较高大的枣树，为减少果实因跌落到地面引起破伤，可在树下撑布单接枣，打落法劳动强度大，对树体损伤也大，有碍下一年生长结果。枣要严格掌握适收期和采收方法，这样不仅能提高枣树的产量和品质，也有利于枣树生长发育。

九、科学防冻

温度是影响枣树生长发育的主要因素之一，花期日均温度稳定在22℃以上，花后到秋季的日均温下降到16℃以前，果实的生长发育期大于100～120d的地区，枣树均可正常生长。枣树对低温、高温的耐受能力很强，部分枣树在−30℃时也能够安全越冬，对于一些抗冻性差的枣树品种，可以通过后期加强树体管理、树干涂白、冬灌秋翻、根颈培土、幼龄树防寒布包扎等措施来增强树体的抗冻性。

第十一节　庭院樱桃种植和养护技术

樱桃营养丰富，其铁含量居众果之冠，它风味独特，鲜食加工皆宜。庭院种植樱桃不仅可以赏花，美化环境，还能食果。下面解析樱桃庭院种植及养护技术。

一、品种选择

适合庭院种植的中国樱桃品种有诸暨短柄樱桃、黑珍珠、红妃、紫晶等。甜樱桃品种：海拔500m以上地区可选择红灯、早大果、佳红、萨米脱、黑金等；海拔200m以上地区可选择红蜜、早大果、布鲁克斯、萨米脱、黑金等。

二、土壤改良

樱桃喜光喜肥，庭院种植要选择土壤肥力高、光照强度高的

庭院樱桃

地方。种植前选择土壤疏松、肥力充足的沙土地或壤土地，pH控制在6.0～7.5。樱桃的根系较浅，呼吸作用强，需氧量大，种植前需对土壤进行深翻，使土壤处于疏松状态，有利于樱桃根系的生长。若土壤肥力较低或者贫瘠，可对土壤进行改良，加施腐熟农家肥；若土壤偏碱性，可进行多次中耕，并通过地膜覆盖或覆草等方式减少水分的蒸发。深耕多选在9—10月，深度在60cm左右，可防治根腐病以及其他土传病害。

三、定植

春季栽植在3月中旬萌芽前进行，秋季栽植在落叶后的11月至12月上旬进行。定植前2个月挖好定植穴。定植穴宽、深分别为0.8m、0.5m。每穴施50kg有机肥＋0.5kg钙镁磷肥＋0.5kg复合肥，上层覆表土，踏实，回填后筑一高出畦面25～30cm的龟背状定植墩，灌水，待植。

栽植时，在定植点挖小穴，把苗木放入穴内，舒展根系，扶正，填入细土，边填土边提苗，踏实，苗木嫁接口应高出土面，浇足定根水。在定植带覆盖黑色地膜或覆草，草厚10～15cm。

四、水分管理

早春雨水少的年份，一般浇两次水，分别为花前和果实膨大期。以浸透土壤50cm为宜，果实转色后不宜浇水。5—8月，高温干旱季节，土壤发白浇水，以浸透土壤为宜。在雨季来临之前要及时疏通排水沟，保证树盘内不积水。

五、施肥管理

1. 幼龄树

做到薄肥勤施。种植当年，萌芽后开始追肥，3—9月每隔15d左右根部浇施一次0.5%人粪尿（或0.3%尿素）。10月施基肥一次，株施有机肥10～20kg。

2. 结果树

氮、磷、钾比例为2∶1∶2。以年株产20kg樱桃果的成年树为例。春肥：开花以前施入，每株施0.5kg三元复合肥；盛花期喷0.3%尿素＋0.2%硼砂液，也可以喷0.2%磷酸二氢钾＋0.2%硼砂液；果实膨大期每株施0.5kg三元复合肥＋150g硫酸钾；也可用0.2%尿素＋0.2%磷酸二氢钾叶面喷施。夏肥：果实采摘后，每株施0.25kg尿素＋0.8kg三元复合肥土施。秋肥：10月中下旬，每株施0.5kg饼肥、15kg有机肥。

六、授粉

庭院栽植的樱桃树，由于环境相对闭塞，通风和光照条件都较露地差一些，所以进行花期辅助授粉非常必要。中国樱桃花期较早，花盛开时气温不高，蜜蜂活动性差，加之庭院樱桃数量较少，不适宜放蜂授粉。一般情况下以人工用鸡毛掸子拂授为主，授粉的最佳时间是9：00—11：00。樱桃花盛开时，用鸡毛掸子压住樱桃的花枝，由基部向外滚动鸡毛掸子，滚至枝梢后，再沿着花枝背将鸡毛掸子滚回基部，如此反复，将所有花枝全部授完。拂授的顺序是先上后下、先里后外，枝枝不落，朵朵授到。

七、修剪管理

1. 幼龄树

幼龄树指定植成活到结果前的2年生至3年生树，以培养树体骨架、开张角度扩大树冠增加结果部位和培养健壮的结果枝组为主。修剪原则是轻剪、少疏、多留。抹去多余萌芽或多余枝。5—7月对生长旺盛的主枝进行拉枝和反复摘心。

2. 结果树

6—8年生盛果期结果树修剪以夏剪为主，果实采摘后立即进行修剪，也可以边采边剪。主要剪去当年的结果枝段。间隔20cm左右保留春梢及位置合理的夏梢。落叶后，剪去过密的夏梢、病残枝。过长的主枝和侧枝进行回缩。秋梢通过抹芽基本上不保留。

3. 衰老树

30年生左右的衰老树要有计划地分年度进行更新复壮。第一年冬剪疏除、短截枝梢数占总梢数量的40%以上，第二年占30%，第三年占30%。

八、常见病虫害及管理技术

庭院樱桃病虫害防治应遵循"预防为主，综合防治"的方针，以农业和物理防治为基础，通过"两查两定"（查病虫害发生种类和发生程度，确定需要防治病虫害种类和防治地块），按照病虫害发生规律，适当结合化学药剂控制病虫危害。庭院樱桃主要病虫害及防治方法见表3。

表3　庭院樱桃主要病虫害及防治方法

病虫害名称	发病时间	防治方法
樱桃枝枯病	2—11月	提高土壤有机质含量，控制产量，增强树势，冬季用5波美度石硫合剂封园。初发时可刮除病斑，重的剪除病枝。药剂可用波尔多液等铜制剂、咪鲜胺等三唑类杀真菌制剂
樱桃根癌病	3—10月	多施有机肥，控制化肥施入量。一年进行两次翻耕，果实采摘后浅翻，深度8～10cm，10月结合施基肥进行深翻，深度20～30cm。经常检查根颈部，发现根癌及时切除，同时用5波美度石硫合剂或2%硫酸铜溶液消毒。冬季可用2%硫酸铜溶液、90%新植霉素或65%代森锌等药剂浇施根部
樱桃灰霉病	花期和果实成熟期	开花初期或果实转色期7～10d喷1次50%异菌脲可湿性粉剂1 000～1 500倍液或40%嘧霉胺悬浮剂800～1 000倍液
樱桃细菌性穿孔病	展叶至10月	落叶清园后，用5波美度石硫合剂封园，早春花芽露白时，用3波美度石硫合剂喷洒树体。生长期可用90%新植霉素或65%代森锌防治
蚜虫	新梢发生时	喷施阿维菌素或吡虫啉
舟形毛虫	7—9月	利用成虫趋光性，夜晚用黑光灯或频振式杀虫灯诱杀。幼虫危害喷施30%氰戊·马拉松乳油2 000倍液或20%氰戊菊酯乳油1 000倍液
梨小食心虫	采果后至落叶前	休眠期刮除老皮，消灭越冬幼虫。利用成虫趋光性，夜晚用黑光灯或频振式杀虫灯诱杀。4月中下旬重点抓好越冬代防治。幼虫危害喷施20%甲氰菊酯乳油2 000倍液或20%氰戊菊酯乳油3 000倍液

九、果实采收

果实采摘时间以果实充分成熟，果面全部着橙红色或深红色为标准，根据果实成熟度、用途和市场需求综合确定采收期，成熟期不一致的品种应分期采收。同一棵樱桃树上，由于花期的早晚和果实所处的部位不同，成熟期也不完全一致。一般早开花和树冠上部、外围的果实比晚开花和树冠内膛的果实成熟要早，要根据果实成熟的情况，分批分期采收。

甜樱桃中的软肉品种，因成熟和变软较快，故采收期较短而集中；硬肉品种耐贮运性好，采收期可以稍长。天气干燥时，成熟期提前，采收期缩短；天气稍凉、湿润时，成熟期推迟，采收期延长。

自己食用的鲜食樱桃一般应在充分成熟、表现本品种特色时采收；如用作外销鲜食或加工，应在八成熟时采收，比鲜食提早5～7d。

采摘时用手握住果柄，食指顶住果柄的基部，柔和用力将果实摘下。在采摘过程中，不要使用掐、拽等方式，不仅会损伤果实，还容易损害结果枝。

十、科学防冻

樱桃树冬季防冻可以在树干上绑草，然后用地膜或杂草覆盖整个树盘，也可以在树干上涂白进行保温，还能够起到预防病虫害的作用。冬季还要对樱桃树浇封冻水，保护植株的根部。樱桃树盆栽冬季直接搬入室内即可。

1. 树干绑草

樱桃树冬季防寒非常关键，可以在入冬之前在樱桃树主干绑草避免植株受冻。然后用地膜或杂草覆盖整个树盘，避免树盘受冻。

2. 树干涂白

樱桃树也可以通过树干涂白的方法进行保温，用生石灰、石硫合剂、动物油、水混合搅拌，这样既能有效避免植株受冻，也能够起到预防病虫害的作用。

3. 叶面防冻

在叶片离叶前喷施芸苔素内酯和磷酸二氢钾，以提高叶片细胞液浓度和抗冻性。

4. 浇封冻水

冬季空气相对干燥，土壤含水量相对较低。这种环境非常不利于樱桃树吸收养分。在入冬前浇封冻水，可以提高土壤含水量，帮助樱桃树为过冬储存养分，这一点非常重要。浇封冻水的时间一般在11月底至12月初。浇水有两种方式，即边浇水和托盘浇水。在树托盘下浇水的方式，能保证充分吸水，节约用水。这是目前最常见的浇水方式。浇水后，必须覆盖一层土，防止水分过度蒸发。樱桃对低温的耐受性比较差，外界温度低于−20℃就会发生冻害。

5. 喷洒防冻剂

日平均气温在5～10℃时，向树上喷洒防冻液，可提高植物的抗冻性，减少冻害的发生。建议采用喷霜器喷水，做到细致均匀，喷水量要适宜。

第十二节　庭院蓝莓种植和养护技术

蓝莓作为小型水果品种之一，深受广大群众喜爱，其味道酸甜可口，含有丰富的营养成分，具有防止脑神经老化、保护视力、增强人体免疫功能等多种作用。2017年被联合国粮农组织列为人类五大健康食品之一，被誉为"浆果之王"。蓝莓虽属灌木，但也非常适合庭院或盆栽种植，以下介绍蓝莓庭院种植和养护技术。

庭院蓝莓（饶胜男摄）

一、品种选择

不同蓝莓品种树体大小不同，可根据庭院大小或种植方式选择。兔眼蓝莓树高可达10m，栽培中常控制在3m左右；高丛蓝莓树高一般1～3m；半高丛蓝莓树高20～100cm；矮丛蓝莓树高30～50cm。根据种植高度，如较高可选薄雾、奥尼尔、绿宝石、珠宝等，较矮可选红豆蓝莓或蔓蓝莓。兔眼蓝莓自花不结实，需配置授粉树。高丛蓝莓品种有利于提高产量和品质。

二、土壤改良

蓝莓生长需弱酸性土壤条件，栽培蓝莓关键要进行土壤改良，调节土壤pH至5左右，土壤有机质含量不低于5%。庭院栽植前一年秋季土地深翻40～60cm，整成土盘，撒施硫黄粉，根据测定的土壤pH状况确定用量，再将草炭、有机肥与土壤搅拌均匀，最后用锯末或直径3～5cm大小的树皮覆盖，厚度5～10cm，为避免锯末造成的缺氮，还需要随锯末同时加入250g尿素，或其他种类氮肥，保证各种物料与园土混合均匀。盆栽蓝莓需要透气性好、排水性好、酸性强的培养土，可以选择添加酸性成分的泥炭土、珍珠岩、蛭石等，同时加入腐叶土、沙子等松散的材料。

三、定植

1.定植时间

蓝莓的定植在春、秋、冬季均可。

2.苗木选择

苗木高度以35～50cm为宜，有2～3个以上直立健壮枝，主干枝条健康不老化，老弱枝条少，不要老苗。根系浅黄，发达，不发黑，无盘根现象。

3.定植方法

定植穴大小一般在40cm×40cm×40cm左右，底部加有机肥5kg、复合肥30～50g作底肥，加入后与土拌匀，留在底层。覆一层土，再在上面加一些草炭、杀虫剂，与土混合拌匀后留在定植穴上层，准备种植。如果是营养袋苗，定植时提前将营养钵苗放入水中泡透后，从钵中取出，稍稍抖开根系，在已挖好的定植穴上再挖1个大约20cm×20cm的小坑，将苗栽入，轻轻踏实，浇透水。盖上松针、稻秆、锯末等保湿保酸，覆盖物高出地面15～30cm为宜。定植后浇定根水，浇水下沉后根基部与土面平齐，不能栽植过深或过浅。在杂草长出前覆膜防草，秋、冬季定植后在休眠期进行平茬，春季栽培的尽快平茬。

四、水分管理

蓝莓幼果发育期水分供应要充足且稳定，忌骤干骤湿，否则很容易造成红果、出水果。干旱时间预报超过7d时，保证5d内浇足一次水，浇水尽量避开外界温度高的正午时段。蓝莓对涝害更为敏感，必须及时排涝。

五、施肥管理

1. 基肥

最适宜施用时间是秋季叶片变色至落叶之前，早施效果好于晚施。一般以腐熟的羊粪、鸡鸭粪为主，以开沟的方式下肥，盛果期树 10 ～ 15kg/ 株，幼树 5kg/ 株。

2. 追肥

追肥时期在叶芽萌芽期和花前、花后，以速效性肥料为主，建议配合淋施腐殖酸等生物刺激剂根施型 300 倍液；采果后可以少量施磷、钾肥，促进根系生长，枝条健壮，避免多施氮肥引起嫩枝徒长。

六、修剪管理

蓝莓为多年丛生小灌木，其整形修剪主要原则是调节好营养生长和结果的关系，定期疏除弱枝、结果枝和老化枝。

一年中以夏剪、冬剪为主。冬剪目的是弱树复壮、强树控产；夏剪目的是强树去密、促壮。

幼树期：定植苗平茬修剪后，新生枝条增多，夏季应注意及时摘心，次年及时疏除花芽，及早培养树势。

初结果期：生长正常的初结果树，结果当年一般留结果枝 20 ～ 30 条，便可获得 1 ～ 2kg 的株产量，长势偏弱的可以回缩掉大部分结果枝。

盛果期：该时期修剪的任务是维持健壮树势，合理负载，一般保留结果枝 70 ～ 100 条，以达到高产、稳产、优质，延长盛果期年限。

七、常见病虫害及管理技术

蓝莓病虫害较少，常见病害有白粉病、霜霉病等，害虫有蚜虫、螨类、果蝇、天牛、金龟子等。要注意预防为主、综合防治，保护利用各类天敌，保持蓝莓园内生态平衡，优先采用物理防治和生物防治，必要时采用化学防治，但要使用低毒、安全或生物源农药，并注意安全间隔期。

八、果实采收

矮丛蓝莓果实较小，人工采摘比较困难，使用最多而且快捷方便的是梳齿状人工采收器。果实采收后，清除其中的枝叶或石块等杂物，装入容器。高丛蓝莓的同一品种、同一株树以及同一果穗上的果实成熟期均不完全一致，一般采收时间可持续3～4周，所以采收要分批进行。一般每隔1周采果1次。果实作为生食鲜销时，采用手工采摘方法。采收后放入塑料食品盒中，再放入浅盘中进行运输。应尽量避免挤压、暴晒、风吹雨淋等。总体原则是适时采收，不能过早，过早采收果实小，风味差，影响果实品质，但也不能过晚，尤其是鲜果远销，过晚采收会降低耐贮性。

九、科学防冻

1.埋土防寒

在秋末冬初时，用湿润的细土将整个植株埋起来，可以保证枝叶水分不散失，假如植株较高，可以用土将植株压倒后再埋土。在实际操作时，为省时省力，可在植株向风处培一个高40cm左右的弧形土堆，人为造成一个背风向阳的环境。可使土壤封冻时间缩短，还有利于根系吸收水分。

2.覆盖防寒

封冻前在植株上覆盖一部分树叶、稻草、草帘等覆盖物，可以起到防寒的作用，除此之外结合浇灌封冻水。

第三章 PART THREE
庭院果树美化设计案例
——以浙江省衢州市衢江区高家镇盈川村为例

　　位于浙江省东部的衢州市，拥有着丰富的自然资源和悠久的文化历史。其中，衢江区高家镇的盈川村，更是一个典型的展现了这一地区自然风光与文化韵味的地方。这个村庄坐落于丘陵地带，四周环绕着葱郁的山林，四季分明，气候温和，是一处自然环境优美的宝地。盈川村不仅拥有得天独厚的地理位置，同时也承载着浙江省特有的江南水乡文化，这里的居民生活节奏平和，与自然和谐共生。

　　然而，即便拥有如此得天独厚的自然条件，盈川村的庭院果树美化却存在着一定的问题。过去，村民们更多地关注果树的种植收益，而对庭院的美化和景观设计重视不足。因此，尽管庭院内常年绿植环绕，但缺乏专业的规划与设计，使得庭院的美化效果大打折扣。庭院中的果树虽然枝繁叶茂，但整体布局显得杂乱无章，缺乏美学规划，既影响了村庄的整体美观，也没有很好地发挥出庭院果树在生态环境保护和提升居民生活质量方面的潜在价值。

　　因此，盈川村的庭院果树美化改造显得尤为迫切和必要。通过专业的设计与规划，不仅可以提升庭院景观的美观性，还能增强村民的归属感和幸福感。合理的庭院果树美化不仅能够提升环境品质，增加生态效益，还能够提升村庄的文化品位，吸引更多的游客，带动乡村旅游和经济发展。此外，优化庭院环境还有助于改善村民的居住环境，提高生活质量，让居民在享受乡村宁静生活的同时，也能体验到更加和谐、美好的生活环境。

总体而言，盈川村庭院果树的美化改造，不仅是对传统农业模式的一种补充和提升，更是对乡村振兴战略的积极响应。可以有效地结合农业发展与景观美化，实现生态、经济、文化多重价值的提升，为盈川村甚至整个衢江区的乡村振兴提供借鉴。

一、设计理念与原则：将"小、精、美"融入乡村庭院

在现代庭院果树美化设计中，"小、精、美"的理念正逐渐成为主导趋势，特别是在像盈川村这样的乡村环境中。这一理念的核心在于最大限度地利用有限的空间，创造出既美观又实用的庭院景观。

"小"，意味着要在有限的空间内进行创造。在盈川村这样的乡村环境中，庭院的面积普遍不大，因此设计时需注重空间的高效利用。通过精心规划，即使在较小的空间里，也能通过合理布局和层次分明的植物种植，创造出视觉上的广阔感和丰富多样的自然体验。

"精"，强调的是细节的精致和功能的精准。每一个设计元素，从植物的选择到布局的构思，都需要精心考量，确保每一部分都能完美地融入整体设计中，发挥其最大的美学和实用价值。这不仅体现在植物本身，还包括与之相配套的物品如石凳、灯具等，都应精选以增强整体的和谐感。

"美"，则是指通过设计创造美感和愉悦的体验。庭院不仅是家庭的一部分，更是承载着居民情感和文化的空间。在盈川村，设计需充分考虑当地的乡村特色和文化内涵，通过色彩、形态、材料的搭配，创造出既符合当地特色又具有现代审美的庭院空间。

结合乡村生活和淳朴民风赋予植物生命和正能量是这一设计理念的另一重要方面。乡村生活的宁静与自然，淳朴的民风，为设计提供了丰富的灵感来源。在盈川村的设计中，通过选择寓意吉祥、生长旺盛的植物如柑橘类果树，不仅能够提升景观的美感，还能够为村民带来积极的情感体验和文化认同感。

乡村自然式园林造景的风格特点在于其强调自然的、不加修

饰的美。这种风格倡导尽可能地保持植物的自然生长状态，减少人为干预，让庭院与周围的自然环境和谐共融。在应用这一风格时，设计师需注重保持植物的自然形态，避免过度修剪；同时，利用地形的自然起伏，营造出轻松自然的空间感。此外，材料的选择也应尽可能接近自然，如使用天然石材、木材等。

通过这些原则和方法的应用，庭院不仅仅是一个观赏的场所，更成为了居民与自然互动、享受乡村生活的一个重要空间。这种设计不仅提升了环境的美观度，还促进了乡村文化和生态的可持续发展。

二、植物搭配与选择：创造和谐与美感的自然画卷

在盈川村庭院果树美化项目中，植物的选择和搭配是实现理想景观效果的关键。以下是所选植物的详细介绍，以及搭配原则和技巧的探讨。

1.所选植物种类介绍

柑橘类果树：作为项目的主角，柑橘类果树不仅具有较强的生命力和适应性，还能带来四季变换的美感。如胡柚、马家柚和金橘等，这些树种在盈川村的气候条件下生长良好，春季开花，夏季长叶，秋季结果，冬季仍保持绿意，为庭院带来持续的活力。

低矮植物：例如蔬菜和地被植物，这些植物种类丰富，易于管理，且能与高大的柑橘树形成鲜明对比，增加层次感。

装饰性植物：如竹子、蒲公英造型灯等，它们不仅起到装饰作用，还能增添庭院夜晚的美感。

2.选择理由分析

生态适应性：柑橘类果树和其他选用植物均适应盈川村的气候和土壤条件。例如，柑橘树对土壤的适应性强，耐寒耐热，适合当地多变的气候。

美学价值：柑橘树四季常绿，花果期颜色丰富，视觉效果突出。与低矮植物的搭配，可以形成视觉上的高低错落，增强庭院

的立体感和美感。

管理便利性：选择的植物大多易于管理，如地被植物的生长速度适中，不需频繁修剪，柑橘树耐旱，不必频繁浇水。

3. 植物搭配原则与技巧

高低搭配：通过将高大的柑橘树与低矮的蔬菜和地被植物相结合，形成丰富的层次感。这种高低搭配不仅能优化空间，还能营造出更加自然和谐的景观效果。

色彩协调：在选择植物时考虑其花期和叶色，如柑橘树的绿叶和金黄果实与蔬菜的绿色、花卉的多彩相协调，形成生动的色彩对比。

功能分区：在庭院中划分不同的功能区域，如休闲区、观赏区、实用区。在每个区域内根据功能选择合适的植物种类，如在休闲区种植更多观赏性植物，实用区种植果蔬等。

视觉引导：利用植物的布局引导视线，如通过引人注目的柑橘树引导视线深入庭院，或使用小径和地被植物引导人们走进不同的庭院区域。

自然过渡：在不同植物之间创造自然过渡，避免突兀的界限。通过缓慢的过渡，如渐变的高度和色彩，形成更加流畅和谐的景观。

通过这些细致的植物选择和搭配，可以在有限的空间内创造出既实用又美观的庭院景观，不仅提升了盈川村的环境质量，也丰富了村民的生活体验，为乡村振兴作出了积极贡献。

三、具体设计案例分析

考虑到南方庭院面积相对较小，所以在景观改造提升上更加注重小、精、美的理念，定主题——众星捧月、细水长流、吉祥喜乐，这些名称都和乡村生活、淳朴的民风有关联，赋予了植物生命和正能量；定风格——采用乡村自然式园林造景，在较小的空间里看见更多的自然景观，以点带面；定植物搭配——采用乡村常见的植物，易管理，并结合柑橘树的搭配，在有限的空间里把庭院微景观打造得更加美丽。

1. 地块一"众星捧月"

在"众星捧月"的设计中，采用了曲线分割，马家柚作为中心植物，以及蒲公英造型灯的独特点缀。这些元素共同构成了一个既具有视觉吸引力又充满象征意义的庭院空间。

曲线分割的应用：在这个地块中，运用流畅的曲线来分割空间，打破了传统的直线划分方法。曲线分割不仅使得空间布局更加生动，还增强了庭院的动感和层次感，使之更具艺术性和观赏价值。

马家柚的选择：马家柚被选为核心植物，象征着"月"。其挺拔的树形和丰盈的果实，不仅提供了强烈的视觉焦点，还象征着团圆和丰收，与乡村的和谐与富足相呼应。

蒲公英造型灯的点缀：夜晚，蒲公英造型的灯具散发出柔和的光芒，宛如满天繁星，既增添了神秘感，又象征着希望和梦想。这种设计使得庭院在夜间也具有极高的观赏价值，同时寓意着盈川村在众多村庄中的独特地位和文化底蕴。

"众星捧月"

2. 地块二"细水长流"

"细水长流"地块的设计融合了几何对称和自然式布局，以及创意性的白色石子溪流造型。

"细水长流"

几何对称与自然式布局：在这一地块中，采用了几何对称的设计方法，创造出一种宁静而平衡的美感。同时，结合自然式布局，使得整个空间既有序又不失自然感，体现了人与自然的和谐共生。

白色石子溪流的创意：白色石子勾勒出的溪流形象，既是对自然溪流的模仿，也是对"细水长流"这一主题的直观表达。溪流的蜿蜒流动不仅给人以美的享受，还象征着生命的延续和村庄发展的持久性。

色彩搭配策略：在植物的选择和布局上，重视红绿色彩的搭配，创造出鲜明的视觉对比。这种色彩搭配不仅增强了空间的活力，还进一步突出了溪流造型的清新与自然。

3. 地块三"吉祥喜乐"

在"吉祥喜乐"这一主题下，通过高低搭配的乔木、灌木、树林、石桌凳等元素，营造出一个充满吉祥和喜悦的庭院环境。

"吉祥喜乐"

高低乔木、灌木搭配：此区域以柑橘类果树为主，配以不同高度的灌木和花卉，形成丰富的层次感。这样的搭配不仅美化了庭院，还营造了一个充满生机和活力的空间。

树林、石桌凳的融合：在这个区域内，特意保留和种植了一些树木，形成了一个小型的树林区域。在树林中设置了石桌凳，提供了一个休闲和聚会的场所，营造出亲近自然的休闲氛围。

与苏轼诗句的关联：设计灵感部分来源于苏轼的诗句"一年好景君须记，最是橙黄橘绿时"。这些元素的组合不仅呼应了诗句中对美好时光的赞美，还营造了一种诗意盎然的氛围，提升了庭院的文化内涵。

通过这些精心设计的案例，不仅展示了庭院美化的艺术性和实用性，还体现了对当地乡村文化的尊重和提升，为盈川村的庭院果树美化项目增添了独特的魅力和深远的意义。

四、实施过程与挑战：应对与适应的策略

在盈川村庭院果树美化项目的实施过程中，面临了多种挑战，主要包括地形限制、气候因素等。以下是遇到的主要问题以及相应的解决策略。

1. 地形限制

盈川村庭院的地形多样，包括坡地、狭窄空间和不规则地块。这些地形限制给庭院的布局和植物种植带来了一定的困难。

解决方法：针对坡地，采用梯田式布局，有效利用了垂直空间，同时防止水土流失。在狭窄或不规则的空间中，通过创造性的设计，如曲线路径和隐蔽的角落，将这些区域转化为有趣的景观点。

2. 气候因素

盈川村所在地区的气候变化较大，既有潮湿的雨季，也有干燥的夏季。这对植物的生长和庭院的维护提出了挑战。

解决方法：选择适应性强的本地植物，如柑橘类果树和耐旱的地被植物，减少对气候的敏感度。此外，在设计中考虑了良好的排水系统，以应对雨季可能带来的积水问题。

3. 资源与维护

有效的资源分配和庭院的持续维护也是实施过程中的关键挑战之一。

解决方法：在设计初期就考虑了维护的便利性，选择易于管理的植物，并在社区中培训志愿者，进行定期的维护工作。此外，通过引入雨水收集和太阳能照明等可持续技术，减少了资源消耗和维护成本。

通过以上策略的实施，不仅克服了实施过程中的各种挑战，还确保了项目的长期可持续性。这些经验对于类似乡村庭院美化项目的实施具有重要的参考价值。

五、效果评估与反馈：实施成果及其持续性

在盈川村庭院果树美化项目完成后进行了综合效果评估，涉及环境改善、居民满意度等方面。此外也对项目的长期影响和持续管理策略进行了深入探讨。

1. 环境改善

项目实施后，盈川村的环境质量得到了显著提升。通过合理的植物搭配和景观设计，庭院不仅美观度大幅提高，还为生物多样性的增加创造了条件。柑橘类果树的引入和其他植被的丰富，提升了空气质量，并为村民提供了休闲和社交的绿色空间。

2. 居民满意度

居民对于改造后的庭院反馈积极。通过社区调查，大多数居民表示对庭院新貌感到满意，尤其是在美化后庭院的休闲和实用功能方面。庭院成为了村民日常生活的一个重要组成部分，增强了他们对自然环境的亲近感和归属感。

3. 长期影响

这一项目预计将对盈川村产生持久的积极影响。首先，改善的环境有助于提升村民的生活质量，同时吸引更多的游客，带动乡村

旅游和地方经济。其次，通过展示成功的乡村美化案例，项目可能激发邻近村庄进行类似的改造，从而在更广泛的区域内推广。

4.持续管理策略

为确保项目效果的持久性，制定了一系列持续管理策略。包括定期的维护和修剪，保证植物的健康生长；定期组织社区志愿者活动，提升居民对庭院维护的参与度和责任感；定期评估和调整景观设计，以适应环境变化和社区需求。

总体而言，盈川村庭院果树美化项目不仅在短期内提升了村庄的环境和居民的满意度，更为乡村的长期可持续发展奠定了坚实的基础。通过持续的管理和社区参与，这一项目将继续在提升村民生活质量、促进经济发展和保护环境方面发挥重要作用。

六、结论与展望：庭院果树美化的未来方向

盈川村庭院果树美化项目的成功实施，不仅极大地改善了村庄的环境质量和居民的生活体验，而且在推动乡村振兴和生态文化建设方面发挥了重要作用。通过精心设计，不仅创造了一个美丽和谐的自然空间，还增强了社区的凝聚力和文化自豪感。

展望未来，庭院果树美化项目可以成为乡村可持续发展的一个重要组成部分。建议在未来的项目中进一步探索与当地文化、生态环境相结合的设计理念，实现环境、社会和经济效益的平衡。同时，应加强社区参与和教育，提高居民对环境保护的意识，确保项目的长期成功和影响力，为乡村环境美化、乡村全面振兴发挥应有的作用。